养老财务规划

北京当代金融培训有限公司 著

中信出版集团｜北京

图书在版编目（CIP）数据

养老财务规划 / 北京当代金融培训有限公司著 . --
北京：中信出版社，2023.4
ISBN 978-7-5217-5483-4

I. ①养⋯ II. ①北⋯ III. ①养老 – 财务管理 IV.
① TS976.15

中国国家版本馆 CIP 数据核字（2023）第 046532 号

养老财务规划

著者： 北京当代金融培训有限公司
出版发行： 中信出版集团股份有限公司
（北京市朝阳区东三环北路 27 号嘉铭中心 邮编 100020）
承印者： 北京盛通印刷股份有限公司

开本：787mm×1092mm 1/16 印张：11 字数：148 千字
版次：2023 年 4 月第 1 版 印次：2023 年 4 月第 1 次印刷
书号：ISBN 978-7-5217-5483-4
定价：40.00 元

目　录

前　言

2023 年注定会成为中国人口史上值得纪念的年份。

从此以后，中国将跨过人口增长的拐点，进入漫长而快速下滑的人口变化趋势，快速老龄化的庞大人群带来的挑战将刷新大众对养老的传统认知，将考验每一个家庭的养老资产储备能力和管理能力。

如何应对即将到来的养老风险？如何让差异化的老年人群都从容不迫地颐养天年？如何设计安全稳妥的养老规划？如何完成特有的养老资产的配置？在未来相当长的一段时间里，对这些问题的回答将直接影响每一个人的生活。

人生就是一场收入不断追赶支出的努力。

从本质上讲，每个人从出生开始就需要不断消耗社会财富。如果我们将独立工作之前的个人支出看成父母的抚养成本，由父母来承担，那么后代的养育成本自然将由我们来承担，这种代与代之间的责任义务关系能够有效弥补个人未成年之前的收支不平衡。

如此一来，我们便可以从工作时点开始考虑自身的支出特征。

假设 20 岁开始工作，一直工作到 60 岁退休，对于一般人来说，支出会呈现非线性的波动，甚至出现跳跃和间断。出现这些变化的原因在于，我们在人生的各个阶段有不同的财务目标，比如购房、购车、子女教育、疾病和意外等，这些计划中的和计划外的消费或者投资，都将影响我们一生的现金流，使之呈现不规律的状态。

从极简的角度出发，抽离支出曲线的随机性（在后面的章节，我们会继续讨论这种支出的随机性特征以及它对我们人生的影响），我们可以大致勾画出一般人群一生的支出曲线（见图 0-1）。如果岁月静好、人生如意，一般人群的支出曲线将呈现先低后高、逐步抬升、加速增长的特征，尤其是在临近生命终点的时间段，这种支出的上升不同寻常。

　　当然，导致这种变化的原因非常多，我们将在后面的章节一一为大家进行细致的分析。

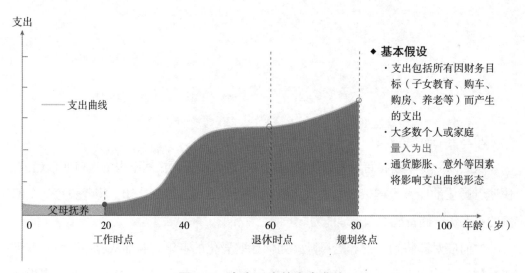

图 0-1　个人一生的支出曲线

　　在了解了个人一生的支出曲线特征后，我们再将目光转向个人一生的收入曲线。

　　显而易见，人们从出生就需要消耗财富，但并非一出生就具有收入的获取能力。沿用前面的假设，仍然是 20 岁开始工作，一直工作到 60 岁退休，其一生中获取的全部收入如图 0-2 所示。与支出曲线相比，收入曲线的变化更为跌宕：不但有职业生涯各个不同阶段的收入变化，更有退休以后的收入大幅度降低，还有寿命终结带来的收入戛然而止。这种从工作收入过渡到养老金收入的巨大变化，产生了人们经常说到的一个概念——养老金替代率。关于收入曲线的变化特征以及关键因素的阐述，我们会在第二章展开。

　　将收入和支出两条曲线同时排列在人生的时间轴上，透过各个时点进行收支现金流分析，是我们自然而然的想法。

　　如前所述，在考虑代际赡养的逻辑下，我们将 20 岁独立工作之前的支出看成父辈的成本，将抚养子女看成本人的支出，这种合理的假设既符合人类繁衍的一般特征，也使得我们的模型看起来更为简洁。

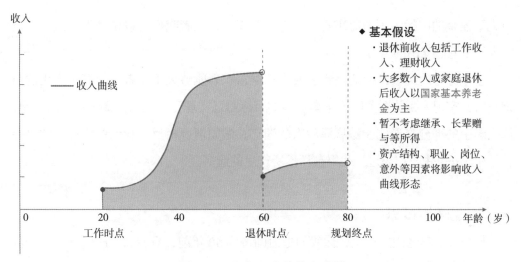

图 0-2　个人一生的收入曲线

如图 0-3 所示，对于一般人群来说，工作期间虽然存在个别时点支出可能大于收入的情况，但在绝大多数情况下，收入将大于支出，从而形成工作期间的累计盈余；而退休以后的情况可能有所不同，这期间因为支出的延续性及收入的大幅度下降，支出可能大于收入，从而出现当期的赤字。

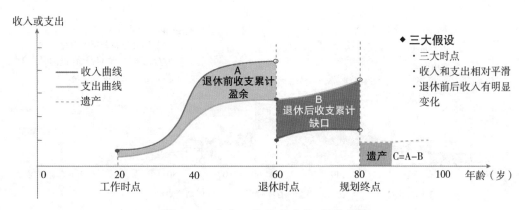

图 0-3　个人一生的收入和支出曲线

不可否认，对于某些人来说，在某些特定的时间点，仍然存在收入大于支出的情况，但如果我们把目光放在一般人群身上，或者把目光放在整个漫长的退休生涯上，支出大于收入的特征非常明显。这种支出大于收入所形成的财富缺口将不得不通过我们前期的累计盈余来弥补。在大多数情况下，人们都是在支出大于收入、缺口大于盈余的困扰中不断寻求答案，也不断妥协，或者我们可以说：人生就是一场收入不断追赶支出的努力。

这种努力的终极目标就是希望人生的财富积累能够大于或者至少等于人生的财富缺口，实现人生的财务收支平衡。假如目标得以实现，一生的财富积累超过支出，那么剩余的部分将形成能够恩泽后人的遗产；假如情况相反，我们留给后人的可能就是遗憾——由支出超过一生财富积累所产生的遗憾。

40 年前的养老问题

与今天的养老问题相比，让我们把时间调到 40 年前，看看那个时候的一般人群如何度过自己的一生。

如图 0-4 所示，与今天相比，那时候人们的收入和支出相对更低，参加工作的时间更早，60 岁退休后，寿命在 67 岁就已经终结，由此带来的显而易见的不同是职业生涯的收入积累更多，退休后的支出缺口更小，养老年限更短，这些变化使得当时的养老财务问题远不如今天这么迫切。

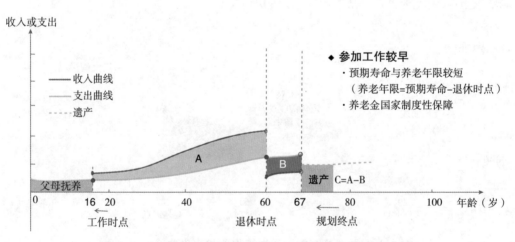

图 0-4　40 年前退休群体：个人一生的收入和支出曲线

40 年后的养老问题

沿用同样的思维，我们可以展望一下 40 年后个人一生收支情况的几个变化之处。

第一，随着科学技术进步和职场竞争加剧，全社会对于就业群体的素质要求逐步提高，更多的人需要在完成更高学历教育以后才能步入职场，由此带来工作时点的快速后移。

第二，国家法定退休年龄可能后移，但后移的空间不及工作时点的后移，结果就是整体职业生涯相比今天更短。与此同时，职场竞争加剧带来的工作转换、工作中断等也会导致工作年限缩短。

第三，健康生活方式和医学技术进步使得人们的寿命快速延长，自21世纪以来，人类寿命延长的速度超过过去4 000年的速度，结果就是更长的养老年限带来更大的支出缺口。

如图0-5所示，这种由工作年限缩短、养老年限延长带来的积累不足和支出过多，将使一生收支平衡变得更具挑战性。

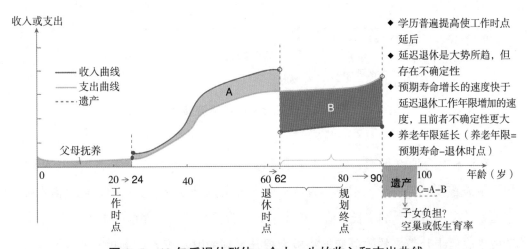

图0-5 40年后退休群体：个人一生的收入和支出曲线

1000年前的养老问题

如果我们把目光再回溯到1 000年前的农耕时代，在大部分时间里，社会生产力低下，很多人从记事那一刻就开始"刨食"，直至生命的最后时刻，土地上的所有产出都用于消耗，几乎没有劳动剩余，人们的寿命普遍很短，生育也很早，几乎没有老龄群体，自然也就没有养老的问题。

这种人生可以用图0-6来展示。

假设普通人群10岁开始自食其力，15岁开始生育，35岁走完人生的全部旅程，因为没有劳动剩余，所以收支曲线几乎重合。他们的后代也在10岁开始"刨食"，继续重复上一代的人生轨迹，生活被简化成"活着"，用抒情一点的语言来描述就是：那个时候时间很长，长到只能用一生去爱一个人；那个时候时间很短，短到还没有形成记忆就已经失去了记忆。

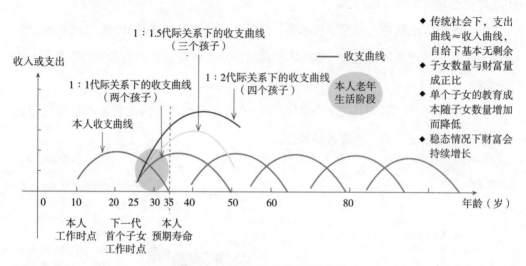

图 0-6　传统社会的代际流转

在这种代际时间很短、生产效率很低的年代，养育子女的数量对于家庭的财富积累至关重要。假设一个家庭养育成活两个子女，仅维持了基本的人类繁衍规模，家庭和社会财富将无法增长；假设一个家庭养育更多子女，养育成本边际降低和劳动成果成倍上升带来的收益增加将极大提升家庭的财富积累，由此出现资产盈余。在循环反复以后，高生育家庭明显会获得更多财富积累和财富剩余的机会，进而产生贫富差异和财富传承。

但是，高生育带来的财富传承并不能在穿越时间隧道之后，实现资产的永续传承。翻开中国历史，我们可以看到超过百年的太平盛世鲜有出现。由于瘟疫、灾难、战争和国家清算，某个时期积累下来的财富在外来冲击面前脆弱不堪，"富不过三代"的悲剧不断上演。

时光带来的养老问题

依前所述，基于 1 000 年前、今天以及 40 年后的不同时间节点变化（见图 0-7），我们可以有如下三个假设。

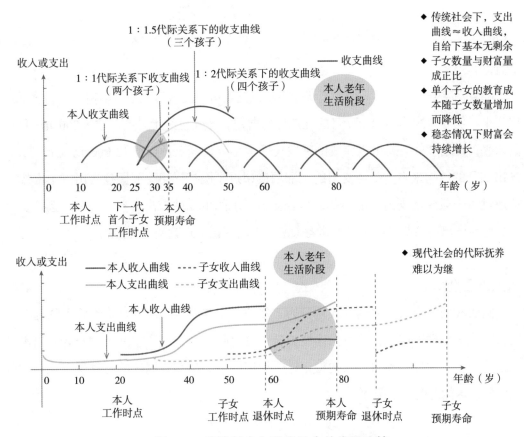

图 0-7　传统社会与现代社会的代际流转

假设 1：10 岁开始工作，35 岁走到工作年限和人生的终点。

有效工作时间比 = 工作年限 / 预期寿命 =（35-10）/35 ≈ 71.4%

假设 2：20 岁开始工作，60 岁退休，80 岁走到人生终点。

有效工作时间比 = 工作年限 / 预期寿命 =（60-20）/80=50%

假设 3：24 岁开始工作，62 岁退休，95 岁走到人生终点。

有效工作时间比 = 工作年限 / 预期寿命 =（62-24）/95=40%

从以上阐述中，我们可以得出一些基本结论：

第一，传统的短周期代际关系被今天或者未来更长周期的代际关系所取代。

第二，高生育带来的人口红利在今天已经不可持续。

第三，工作年限、养老年限带来的养老压力越来越突出。

除了时间节点变化会对一生财务收支产生深刻影响，还有一些影响因素不可以忽视。

支出的变化

随着消费升级和货币贬值，消费支出正以肉眼可见的增长率不断影响着我们的支出水平，例如：30 年前 8 元 / 月的住家保姆费用，今天已经上升到超过 8 000 元 / 月的水平；以前 200 元就可以完成的阑尾炎手术，今天也上升到了 13 000 元以上。从支出上升的结构来看，服务支出的上涨幅度超过了医疗支出，而医疗支出的上涨幅度超过了一般生活支出。很不幸，养老支出需求的重要性依次为养老服务、医疗费用、生活支出。由此可见，对于养老来说，支出变化一直就是一个挑战。

收入的变化

假如我们将个人一生的收入划分为工作收入（养老金本质上是工作收入的延期支付形式）和理财收入，从可操作性来看，理财收入是个人和家庭应对养老支出需求的重点。如何提升理财收入的稳定性，如何增加穿越养老周期的可靠现金流，需要我们在退休前就未雨绸缪。

现金流的稳定性

不稳定的现金流既可能导致现金盈余，降低投资收益，也可能导致现金赤字，严重影响生活的品质。由于购买房产和汽车、子女留学、职业生涯转换、意外与疾病等，家庭可能会出现现金流的短期流动性问题，从而增加家庭收支的不确定性。

以上就是我们在开篇提出的一系列问题，这些由时间、收入、支出以及不确定性所带来的养老财务挑战，正是本书希望和读者一起探讨的问题，也是我们希望带给大家的思考，同时会提供给大家一些解决方案。

希望通过阅读本书，读者能够找到从容应对养老需求的财务规划之路。

宋　健

科大御花苑

2023 年 2 月 12 日

第一章

中国的养老挑战与养老需求

第一节　养老面临的挑战

2022 年以后，中国的养老领域会面临六个方面的挑战。

一、人口总量萎缩且结构老化

（一）人口总量萎缩

如图 1-1 所示，中国人口总量在 2022 年或 2023 年会开始萎缩，世界第一人口大国的称号将于 2023 年或 2024 年被印度取代。中国最早将于 2065 年跌破 10 亿人口，到 21 世纪末人口将缩减为 7.8 亿，约等于当年印度总人口的一半。[1]

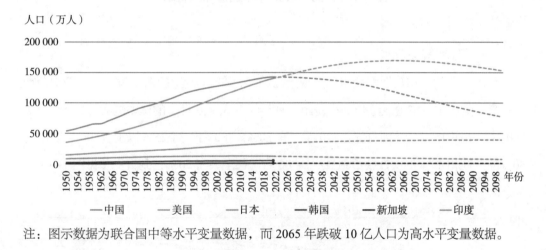

注：图示数据为联合国中等水平变量数据，而 2065 年跌破 10 亿人口为高水平变量数据。

图 1-1　1950—2100 年不同国家人口规模

（二）人口结构老化

人口总量减少的同时是人口结构老化，老龄化和少子化并存。我国 15 ~ 64 岁劳动力人口早在 2010 年就达到峰值，之后开始下降；65 岁以上老年人口占比持续增加，到 21 世纪 90 年代将达到峰值。我国的总和生育率从 1970 年开始下跌，早在 1992 年便已跌破 2.1 的维持更迭水平，于 2010 年跌破 1.5 的国际警戒线，低生育率水平将一

1　数据来源：联合国 2022 年世界人口展望数据库。

直持续到 21 世纪末（见图 1–2）。

平均生育子女数（个）

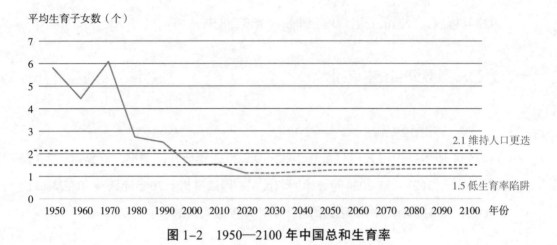

图 1–2   1950—2100 年中国总和生育率

（三）预期寿命延长

我国居民的平均预期寿命整体呈现上涨趋势，在 21 世纪后期将与世界上平均预期寿命最长的中国香港地区逐步缩小差距，越年轻的人活到百岁的概率越大（见图 1–3）。"60 后"将有 15% 会活到百岁，"70 后"有 20%，"80 后"有 25% 以上，"90 后"中有 30% 的男性和 40% 的女性会活到百岁，"00 后"甚至会有 50% 活到百岁（见图 1–4）。[1]

寿命（岁）

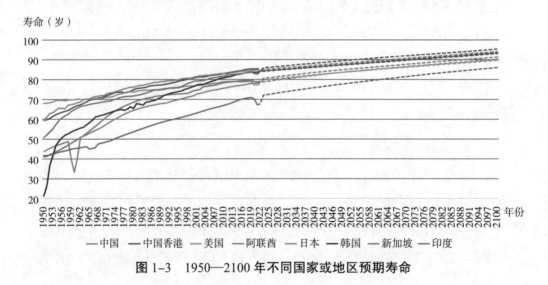

——中国 ——中国香港 ——美国 ——阿联酋 ——日本 ——韩国 ——新加坡 ——印度

图 1–3   1950—2100 年不同国家或地区预期寿命

---

1   数据来源：联合国 2022 年世界人口展望数据库。

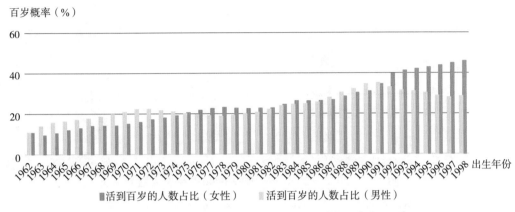

图 1-4 中国 1962—1998 年出生人群活到百岁的概率

二、带病生存期限延长

预期健康寿命是指在完全健康的状态下生存的平均年限。当前我国的预期健康寿命为 68.5 岁，其中女性 70 岁，男性 67.2 岁。[1] 随着公共卫生条件、教育程度和个体行为的变化，预期健康寿命会增长，但是由于预期寿命增长更快，因此带病生存的期限在延长。我国 60 岁以上的老人糖尿病、高血压等慢性疾病高发，约 75% 的老人至少患有一种慢性病。随着年龄的增长，老年人生理机能出现不可逆转的老化，失能和失智的概率增加。随着老龄化程度的加深和预期寿命的延长，我国 80 岁和 90 岁以上的高龄老人数量持续增加（见图 1-5），失能和失智的老人数量也持续增加（见图 1-6）。

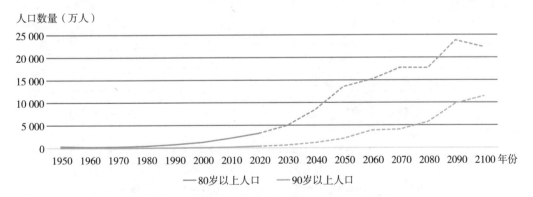

图 1-5 1950—2100 年中国高龄老人数量

数据来源：联合国 2022 年世界人口展望数据库。

---

1 数据来源：《2022 年世界卫生统计》，世界卫生组织。

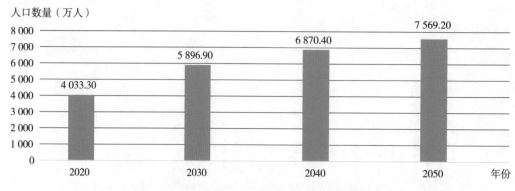

图 1-6   2020—2050 年中国失能和失智老人数量

数据来源：中国老龄科学研究中心、中华人民共和国民政部。

三、未富先老问题突出

我们把"65 岁以上老人占比从 7% 涨至 14%"这个过程称为"老龄化阶段一"，把"65 岁以上老人占比从 14% 涨至 20%"称为"老龄化阶段二"。从全球来看，老龄化阶段一的进程相对老龄化阶段二缓慢。不同的国家也不尽相同，例如法国从 1865 年开始出现老龄化，阶段一耗时百年以上，阶段二耗时缩短至 40 年。中国、新加坡、韩国、日本相较欧洲国家和美国老龄化进程更快，阶段一平均耗时 20 年左右，阶段二平均耗时 10 年左右（见图 1-7）。无论是与慢慢变老的欧美梯队相比，还是与同样快速变老的亚洲梯队相比，中国的人均 GDP 都较低（见图 1-8）。[1]

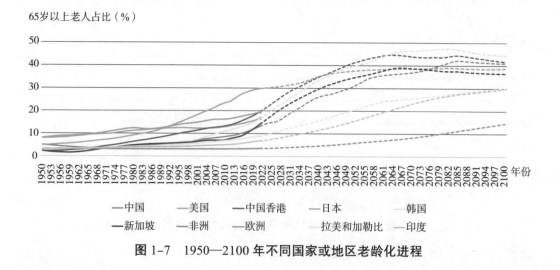

图 1-7   1950—2100 年不同国家或地区老龄化进程

---

1   数据来源：世界银行。

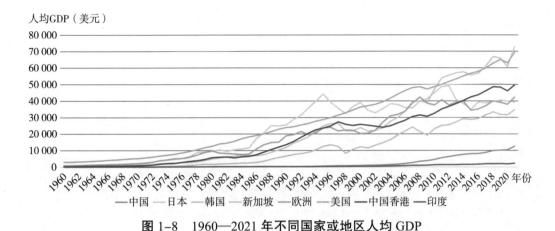

图1-8　1960—2021年不同国家或地区人均GDP

四、养老费用上升

养老综合成本的上升速度快于通货膨胀的增速，尤其是医疗保健、生活服务等费用的增速。随着老龄化程度继续加深，家政和护理人员的费用会继续大幅上涨。可以说，我国的人口红利已经处于尾端，未来很难再有大量廉价的劳动力。只有开放外来劳动力的输入和发展智慧养老，才能缓冲不断上涨的劳动力成本。

五、国家政策的变化

20世纪90年代以前，我国机关事业单位的退休金由国家财政负责，国有企业的退休金由所在的单位或者行业负责。1997年国务院出台了《关于建立统一的企业职工基本养老保险制度的决定》，统一了全国各地的养老保险制度，实现了退休制度向社会养老保险制度的转型。目前我国已经基本建立养老三支柱体系：第一支柱——基本养老保险，其覆盖面广，截至2021年参与人数为10.25亿，参与率高达92.5%，起到保基本的作用；第二支柱——企业年金和职业年金，其覆盖面窄，截至2021年企业年金参与人数为2 875.24万，职业年金参与人数为4 342.76万[1]；第三支柱——个人养老金，方兴未艾。

近20年来，我国基本养老保险收入持续增长，尤其是2005—2015年，基本养老保险年增幅在10%以上（见图1-9）。但与此同时，养老金替代率[2]却持续降低（见

1　数据来源：中华人民共和国人力资源和社会保障部。

2　养老金替代率，是指劳动者退休时的养老金领取水平与退休前工资收入水平之间的比率。

图 1–10)。[1]

金额（元/月）

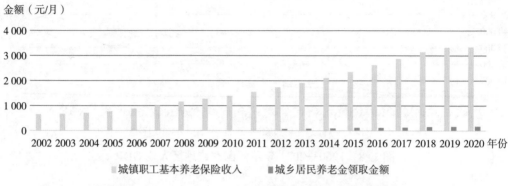

图 1-9   2002—2020 年中国居民基本养老保险收入

替代率（%）

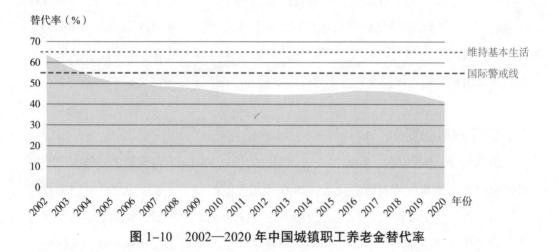

图 1-10   2002—2020 年中国城镇职工养老金替代率

六、养老需求升级

随着改革开放和预期寿命的增长，人们退休后的余寿增加，退休后的需求也增加了。老年人愿意为了提高生活质量而消费，需求的种类增加，需求的品质也在提升，同时需求的层次更加丰富。

---

1   数据来源：国家统计局。

第二节　多维度下的养老需求

中国的养老领域长期以来存在非常明显的需求差异。

一、递进式的养老需求层次

老年人的需求与其他人群一样，也和马斯洛的需求层次相似，最基本的是弹性最小的生存需求，其次是健康需求，再次是陪伴和被需要、被尊重的需求，最高层是弹性最大的自我理想实现和自我超越的需求。和年轻人相比，老年人更加重视每一个层次的需求，更关注日常饮食和健康，更需要亲人的陪伴和婚恋自由，更需要实现未完成的梦想（见图1-11）。

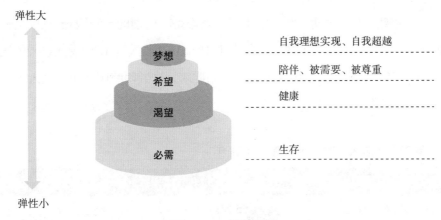

图 1-11　需求层次

二、养老需求消费的弹性不同

生存型消费是最一般的需求，出现在日常的高频场景中，需求弹性最小；改善型消费是高一层的消费，出现的频率低于生存型消费；享用型消费是最高层次的需求，出现在低频场景中，需求弹性较大。

三、养老产业和养老服务重点不同

老年人有养老金融、养老服务和养老地产的需求，每一种需求都是分层的。以金融需求为例，老年人最基本的金融需求是保障资产安全、防止金融诈骗，其次才是资产的保值增值、资产的传承等。

四、不同生命周期的养老需求不同

从整个生命周期来看，年幼者和老年人不太可能通过参与劳动赚取收入，年幼者的消费依靠父母，老年人的消费依靠退休前的积累和养老金收入。随着家庭周期的更迭，年龄和角色会发生变化，财务特征和不同目标的需求也会变化。人们初入职场时一般还处在单身期，收入较低，支出占收入的比重高，尚未积累资产，但是抗风险能力强。在家庭形成期，夫妻会形成收入规模效应，同时面临从结婚到买房一个接一个的支出小高峰，此时抗风险能力也较强。在家庭成长期，夫妻收入增速加快，子女教育费用增长，财富快速积累，有能力开始进行退休规划。家庭成熟期的标志是子女参加工作，该阶段家庭支出减少，财富盈余达到峰值。夫妻退休后，家庭进入衰退期。不同时期，收入的不平等状态是有区别的。我国 65 岁以上人口的基尼系数大于总人口的基尼系数，老年人中 10% 最高收入与 10% 最低收入的比率大于总人口中 10% 最高收入与 10% 最低收入的比率，这说明我国老年人收入不平等状态比总人口更甚（见表 1-1）。

表 1-1　老年人和总人口收入不平等（2021 年）

国家	基尼系数		P90/P10 比率		P50/P10 比率	
	65 岁以上人口	总人口	65 岁以上人口	总人口	65 岁以上人口	总人口
中国	0.545	0.514	29.0	23.0	8.9	7.8
美国	0.411	0.390	6.9	6.2	2.7	2.7
印度	0.536	0.495	13.2	9.4	3.7	2.9
俄罗斯	0.292	0.317	3.5	4.3	1.7	2.1
法国	0.275	0.292	3.0	3.5	1.7	1.9
日本	0.339	0.334	4.8	5.2	2.4	2.6

注：P 表示百分位。

数据来源：经济合作与发展组织（OECD）收入分配数据库。

五、不同家庭结构的养老需求不同

从 1953 年第一次人口普查到 2020 年第七次人口普查，我国的户均规模从 4.33 人降至 2.62 人，家庭结构呈现小型化趋势，一人户大幅增长。第七次人口普查显示，一人户与两人户合计占比达到 55%，三人户及以上占比为 45%。相较于向下代际的家庭，单身或者独居的人在活力老人阶段养老需求弹性更大，在非活力老人阶段养老需求弹性更小，弹性差异更为极端化。

60 岁以上人口在不同的婚姻状态下主要收入来源也不一样。从总量来看，60 岁以上人口的 75.22% 都有配偶，丧偶的比例为 21.81%，离异的比例为 1.32%，未婚的比例为 1.65%。60 岁以上人口未婚的性别差异较大，其中 90.17% 为男性；60 岁以上人口丧偶的性别差异也较大，女性占 73.12%。[1] 不论婚姻状态如何，主要收入为财产性收入[2]的老年人很少，而主要收入为"养老金收入""劳动收入""家庭转移收入"的老年人最多（见图 1-12）。

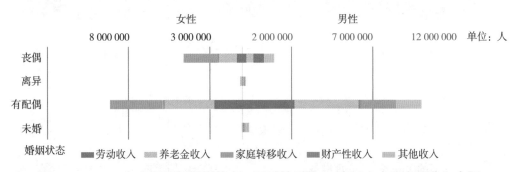

图 1-12　2020 年中国不同婚姻状态、不同性别的 60 岁以上人口主要收入来源

六、不同财富量级的养老需求不同

我们根据可投资资产量的多少划分出不同的人群，即：

（1）大众人群：可投资资产 <100 万元。

（2）中产人群：100 万元≤可投资资产 <1 000 万元。

1　数据来源：国家统计局第七次人口普查数据。

2　财产性收入是指以资金储蓄、借贷入股以及财产运营、房屋租赁等所取得的利息、股息、红利、租金等收入。其他收入包括失业保险金、最低生活保障金等。

（3）财富人群：可投资资产 ≥ 1 000 万元。

除了总量的不同，不同财富量级人群的资产构成也不一样。大众人群的资产80% 以上都是房产，金融资产占比不到 20%，且金融资产大多是银行存款；中产人群的资产构成中房产占比约为 50%，其他为权益类资产、固收类资产等；财富人群的房产占比低于 20%，权益类资产占比较高，资产比较多元，分布在境内外。

大众人群的收入来源较为单一，退休前以工作收入为主，退休后以基本养老金为主；中产人群的收入一半来自工作收入，一半来自理财收入；财富人群的收入来源非常多元，有企业经营收益、股权投资收益等。三种人群的养老需求也有很大不同，且风险承受能力、养老规划的时间弹性均不同（见表 1-2）。

表 1-2   不同财富量级人群的养老需求对比

财富量级	养老目标	养老目标优先级	养老规划的时间弹性	养老模式选择（长寿老人阶段）	养老来源	风险承受能力
大众	基本生活和医疗	住房、教育之后	小，家庭成熟期	无力支付中高端养老院	缺口大，依赖家庭内部转移	弱
中产	退休前生活水平	住房、教育同时	适中，家庭成长期	入住养老院占支出比例较大	缺口因人而异	一般
财富	优质的医养资源，自我价值的实现，个人超越	心理准备靠后，不服老	大	居家专人照顾或专业养老机构	无财务缺口	较强

七、不同自理程度的养老需求不同

随着年龄的增长，60 岁以上老人中健康人群的占比逐渐减少，无法自理的人群占比不断增加。其中，在不同老年阶段，相比于男性，女性的健康人群比例更低、不能自理比例更高（见图 1-13）。[1]

---

1   数据来源：国家统计局第七次人口普查数据。

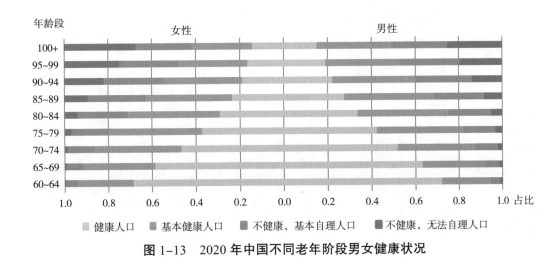

图 1-13 2020 年中国不同老年阶段男女健康状况

不同老年阶段因身体健康程度及生活自理程度不同，需要的服务层次和专业医疗的介入程度也不一样（见图 1-14）。对于养老地点的选择，越年轻的老人选择的弹性越大，有旅居养老、候鸟养老、海外养老等多种选择；越长寿的老人越倾向于城心养老，即接近生活便利、医疗资源丰富、方便子女看望的地区。

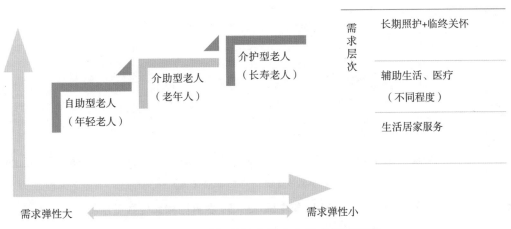

图 1-14 不同自理程度的老人及其需求层次

2021 年我国 60 岁以上的老人有 2.67 亿，预计在 2050 年之前会增长至 5 亿。按照年龄的不同，我们可以把 60～74 岁的老人称为"年轻老人"，把 75～89 岁的老人称为"老年人"，把 90 岁及以上的老人称为"长寿老人"。当前我国的"年轻老人"

大约有 2 亿,"老年人"约 6 000 万,"长寿老人"约 400 万;到 2050 年,这三个阶段的老人数量分别是 2.8 亿、2 亿、2 000 万(见图 1–15、图 1–16、图 1–17)。[1]

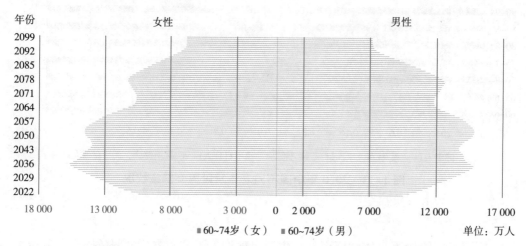

图 1-15　2022—2099 年中国 60 ~ 74 岁男性和女性数量预测

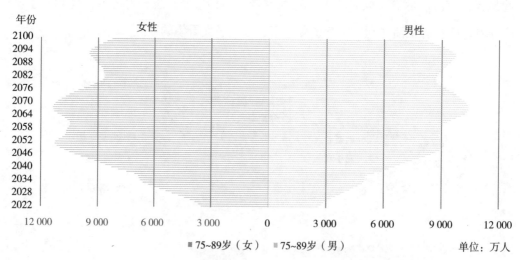

图 1-16　2022—2100 年中国 75 ~ 89 岁男性和女性数量预测

1　数据来源:国家统计局、联合国 2022 年世界人口展望数据库。

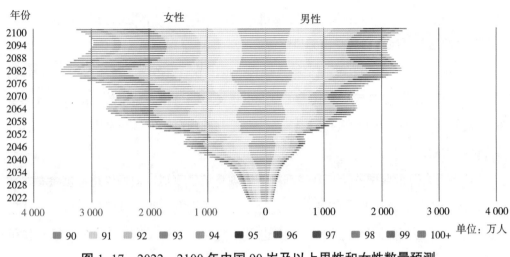

图 1-17　2022—2100 年中国 90 岁及以上男性和女性数量预测

当前阶段，90 岁以下的老人男女性别相对均衡。2050 年后"年轻老人"中女性数量将少于男性，2082 年后"老年人"中女性数量将少于男性。"长寿老人"男女性别差异较大，年纪越大，女性数量相对越多，二者差异越大。目前，百岁老人中女性是男性的 13.38 倍，随着时间的推移，差异在逐渐收敛，到 2100 年百岁女性是百岁男性的 2.6 倍（见图 1-18）。[1]

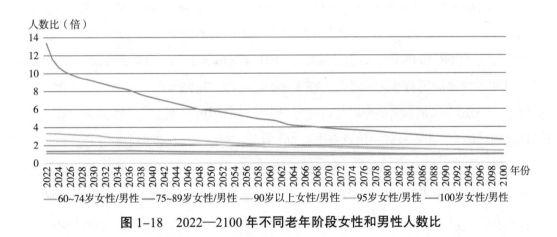

图 1-18　2022—2100 年不同老年阶段女性和男性人数比

"年轻老人"最大的特点是退而不休，活跃在劳动力市场、孙辈看护、社交、广

1　数据来源：联合国 2022 年世界人口展望数据库。

场舞、旅行、老年大学、兴趣爱好等场景；他们不认老，自理能力相对较强。风险主要有丧偶后再婚风险、遭受诈骗风险等。

75～89岁"老年人"的最主要特点是真正退出劳动力市场。75岁是一个分水岭，75岁之后老人的劳动参与率很低，实现真正意义上的退休。这个阶段的老人大多身体不算健康但是自理程度高，还能够自己管理财务账户，但是交友圈开始缩小，独自出远门的概率降低。

"长寿老人"最典型的特点是生理机能出现系统性衰退，他们也是最被金融机构忽视的一个群体。这个阶段的老人行动能力和沟通能力较弱，自理程度低，金钱管理能力较弱；他们的同龄人减少，子女也已经变老；意外风险加大，例如意外摔倒会带来重大危害。

第三节　养老愿景与财务误区

一、养老愿景与现实之差

如何实现有尊严地养老？是养老储蓄最低要达到100万元，还是要在所居住城市拥有两套普通住房才能过上理想的退休生活？绝对的数值很难有统一标准，我们一般用相对指标来衡量。当养老金替代率≥70%时，人们能够维持退休前的生活水平。调研显示，大部分人都预计自己退休后的养老金替代率在50%到100%之间，还有一部分人认为在100%以上，但是实际上2021年城镇职工平均养老金替代率为44%。2019年，中国居民有6亿人月收入在1 000元左右，有95%的人月收入在5 000元以下。[1] 2020年，城镇居民户均总资产为317.9万元，但中位数仅为163万元；且不同地区差异较大，东部地区户均总资产为461万元，而东北地区仅为165万元。在城镇居民资产中，实物资产占比高达80%，金融资产仅占20%，且金融资产中银行储蓄占比高。[2] 中国居民的杠杆率自2005年至今不断上涨，截至2021年，居民债务占GDP的比重为62.2%（见图1-19），居民债务与可支配收入的比率高达143.42%（见图1-20）。[3]

1　数据来源：北京师范大学收入分配研究课题组。

2　数据来源：中国人民银行调查统计司城镇居民家庭资产负债调查课题组。

3　数据来源：美联储、国家资产负债表研究中心。

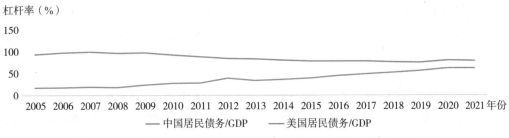

图 1-19　2005—2021 年中美居民杠杆率对比（居民债务 /GDP）

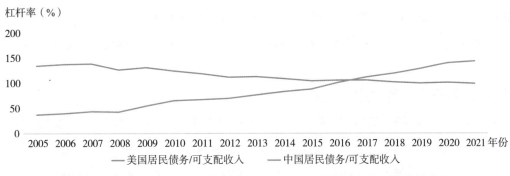

图 1-20　2005—2021 年中美居民杠杆率对比（居民债务 / 可支配收入）

对比其他国家，中国居民养老储备资产在总量上是不够的，结构上也有待优化。目前很多居民已经意识到养老规划的重要性，但有一半的人把健康管理当作主要的养老规划手段。

二、误区一：养老靠基本养老金

从世界经验来看，老龄化进程加快会威胁到基本养老金现收现付制的持续。中国社会科学院预测基本养老金累计结余将于 2027 年达到峰值，于 2035 年耗尽。这并不是说未来没有基本养老金可供人们领取，只是国家财政的压力会越来越大，养老金相关的领取参数会发生改变，例如养老金的计发公式、最低缴费年限、领取条件等。

三、误区二：养老根本不是问题

这种过度自信主要表现在两个方面：

一方面是对收入高增长的持续性过于自信。过去十几年，在全世界范围内，中国的工资增长达到一倍以上，发达经济体中工资增长最高的韩国只有22%，其次是德国（增长15%），而意大利、日本和英国的工资有所下降。参考发达国家经验，收入增长的速度会逐渐趋缓。

另一方面是对支出的低估。我国不同年龄人群的固定支出占比都比较高，有六成以上的人固定支出占月收入的比重达到50%；个别人群更高，例如30%的女性和年轻人的固定支出占月收入的75%以上；老年人的固定支出占比也比较高，其恩格尔系数远高于其他人群。固定支出中有很多都是刚性支出，该类消费占比高，说明消费可压缩的空间少。此外，我们也习惯了丰富且廉价的生活服务，例如快递服务、外卖服务等。随着老龄化进程加快，劳动力人口减少，服务的价格定会上升。

四、误区三：养老很重要但是不紧急

根据联合国的预测数据计算，21世纪我国会面临几次退休潮：2023—2032年每年均有2 000万以上新增退休人口；2041—2050年每年均有2 000万以上新增退休人口；2051—2074年每年均有1 500万以上新增退休人口，直到2082年新增退休人口才会稳定在1 000万左右。随着退休潮的来临，总人口抚养比和老年人口抚养比会一直上升，直到2082年之后才会开始趋于稳定且小幅下降。到2050年，总人口抚养比将高达71.7%，也就是四个劳动人口抚养三个非劳动人口；老年人口抚养比将高达51.5%，也就是两个劳动人口抚养一个老年人口（见图1-21）。[1]

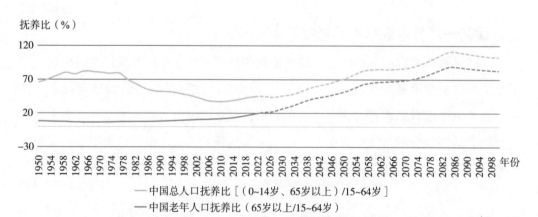

图 1-21   1950—2100 年中国总人口抚养比与老年人口抚养比

1　数据来源：联合国 2022 年世界人口展望数据库。

五、误区四：养老主要靠子女

伴随着城镇化进程，农村的人口尤其是年轻劳动力持续流入城市，第四次城乡老人生活调查显示，空巢老人已超1亿。物理距离的间隔加大了子女赡养老人的难度，同时家庭结构小型化也加大了年轻人赡养老人的压力。此外，年轻人尤其是一线城市的年轻人的置业成本（见图1-22、图1-23）和子女教育成本较大，生活成本高。

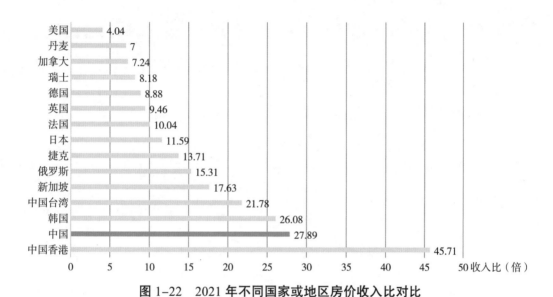

图1-22　2021年不同国家或地区房价收入比对比

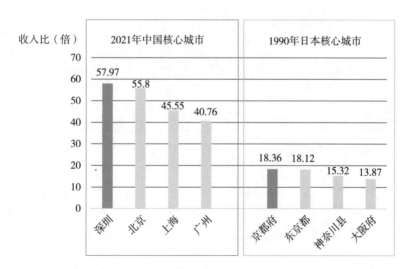

注：在这里之所以用1990年日本的数据进行对比，是因为当时日本处于房地产泡沫高峰。

图1-23　中日核心城市房价收入比对比

第二章

养老财务目标的核定与调整

作为一名理财师，在了解养老面临的严峻挑战后，需要着手的工作是协助客户规划养老财务目标，帮助客户过上幸福美满、从容体面的老年生活。

如何认识养老财务目标？怎样合理规划养老财务目标？养老财务目标的缺口该怎么解决？在未来相当长一段时间里，这些问题的答案与每一个人的生活都紧密相关。

要想合理规划养老财务目标，首先要正确认识这一概念。养老财务目标指的是，从财务目标的角度确定养老需求的具体金额。具体来看，从财务目标角度可以将养老需求拆分为基本生活目标、医疗费用目标、养老居住目标、护理费用目标、兴趣爱好目标五个方面。

其中，基本生活目标，希望养老的基本生活支出达到社会平均工资的 60%~80%；医疗费用目标，希望养老的医疗保险计划可分担 90% 的医疗费用；养老居住目标，希望养老阶段能实现人均 30 平方米的居住空间；护理费用目标，希望养老资源能覆盖养老阶段的日常保健、咨询、康复服务等支出；兴趣爱好目标，希望养老资源能覆盖养老阶段的旅游、娱乐、读书、收藏等支出。

养老财务目标的弹性大小不同，弹性越小，实现的必要性越高，对健康标准的要求也越高。

对养老财务目标健康标准的衡量，主要可以从三个维度来考虑。第一个维度是和自己的过去相比，生活水平不下降；第二个维度是和自己的阶层相比，生活水平不下降；第三个维度是设定必须实现的底线目标，具体情况因人而异。

第一节   养老财务目标的规划思路

这一节的主要内容包括两部分，即影响养老财务目标规划的因素和具体的养老财务目标规划思路。

一、影响养老财务目标规划的因素

养老财务目标规划，指的是根据客户及其家庭的实际情况和目标，为实现养老生活的财务独立，所进行的一系列专业性规划和理财服务。养老财务目标规划能否顺利实现，有很多影响因素，这些影响因素大体可以分成三类，分别是时点类因素、收入类因素和支出类因素。

（一）时点类因素

1. 规划时点

规划时点，指的是进行养老规划的起始点。一般来说，进行养老规划的时点越早，越有利于实现养老财务目标。但在实际生活中，不同人群的规划时点存在较大差异。

大众人群通常在 45～50 岁开始考虑养老规划。这一群体的涉及面广泛，资产不多，收入水平相对不高，年轻的时候需要先应对日常生活、子女教育等支出，等年纪较大、子女相对独立后，才开始有富余资金用于规划养老财务目标。

中产人群通常在 30～45 岁开始考虑养老规划。这一群体涉及的专业人士较多，资产较多，收入水平较高，应对完日常生活、子女教育等支出后，仍有一定富余资金，可以提前规划养老财务目标。

财富人群考虑养老规划的时间不确定，主要取决于获得财富的时间和自身意识。这一群体基本实现财务自由，有足够多的资金用于养老规划，因此他们的养老规划与所处的生命周期阶段关系不大，规划养老财务目标可以随时开始。

2. 退休时点

退休时点，指的是计划退休的时点，退休时点的选择对养老生活影响很大。与发达国家相比，中国的法定退休时点较早，个人可以选择适当延后退休时点。

退休时点越晚，越有利于实现养老财务目标。对于养老财务目标规划而言，人们可以选择最佳退休年龄，通过额外职业收入来补充养老储备。

3. 预期余寿

预期余寿，是指退休后的预期剩余寿命，受生命表、性别、既往病史等影响。近年来，中国人的预期余寿一直在延长，未来寿命达到百岁的概率持续变大。

预期余寿越长，需要的养老储备越多，养老财务目标越不容易实现。

（二）收入类因素

1. 收入增长率

收入是养老资源的基础，受年龄、学历、岗位等因素影响。

收入增长越快，收入增长率越高，养老财务目标越容易实现。

2. 收入替代率

收入替代率是退休生活收入目标，指的是退休后一个月收入与退休前一个月收入的比例，一般认为 70% 左右较为合适。收入替代率的弹性相对较小。区分不同人群来看，大众人群的收入替代率较低，中产人群的收入替代率较高，财富人群的收入替代率最高。

收入替代率越低，越难以维持退休后的生活支出。

3. 投资报酬率

投资报酬率与资产类别紧密关联。

投资报酬率越高，养老财务目标越容易实现。

4. 财富水平

财富水平是影响养老财务目标规划的重要因素。区分不同人群来看，大众人群的养老财务目标侧重于基本生活、医疗费用，中产人群的养老财务目标侧重于基本生活、医疗费用，兼顾养老居住、护理费用和兴趣爱好，财富人群的各类养老财务目标可以同步实现。

财富水平越高，越有利于实现养老财务目标。

（三）支出类因素

1. 费用增长率

费用增长率，指的是各项养老财务目标支出费用的增长率。

费用增长率可以参考 CPI（消费价格指数）等指标。但是，中国 CPI 的主要构成要素是商品，服务类要素占比较低。老年人的医疗、护理费用占比较高，使用 CPI 进行测算可能会低估养老需求。

费用增长率越高，越不利于实现养老财务目标。

2. 支出替代率

支出替代率是退休生活支出目标，指的是退休后一个月支出与退休前一个月支出的比例，一般认为 80% 左右比较合适。支出替代率的弹性相对较大，与职业、生活方式、个性选择息息相关。

支出替代率越高，越不利于实现养老财务目标。支出替代率高于收入替代率，可能会改变退休前的盈余状态，因此为了实现养老财务目标，需要储备养老资产。

3. 养老地的选择

养老地的选择包括本地养老和异地养老。如果选择本地养老，老年人退休后，对当地生活比较熟悉，有利于实现养老居住等目标。如果选择异地养老，老年人退休后，在养老资产储备不足的情况下，可以选择去消费水平比较低的地区，以保证不降低养老水平，有利于实现各类养老财务目标。

因此，老年人在选择养老地时，应综合考量自己的健康状况、生活方式、经济能力及个人爱好等因素。

4. 养老模式

养老模式包括居家养老、社区养老和机构养老。

居家养老是以血缘关系为基本特征的养老方式，以家政服务为主，未能针对老人生活自理能力提供有区别的服务，不能很好地满足老人多样化的养老需求。居家养老带给养老财务目标支出的压力较小。

社区养老是指老人所在社区承担更多对老人照看和护理的功能，尤其是日间护理和生活照料，使得老人能够在自己熟悉的环境中接受养老服务，相应的养老财务目标支出压力适中。

机构养老指的是依靠国家资助、亲人资助或老年人自助等方式居住在养老机构，由养老机构提供相关服务，可以满足多样化的养老需求。机构养老带给养老财务目标支出的压力较大。

5. 医疗保障

医疗保障是用来应对医疗风险的，而医疗风险具有不确定性，要结合疾病种类、当地医疗成本、治疗水平等统一考虑，既要测算诊疗成本和康复护理成本，也要测算间接费用。

在社保方面，主要测算各类医疗保险制度风险覆盖下的个人支付水平。此外，个人还应该购买商业保险以应对医疗风险。

医疗保障度越高，家庭应对医疗风险的财务准备越充足。

二、养老财务目标规划思路

常见的养老财务目标规划方法包括目标基准点法、目标现值法等，我们这里为大家介绍目标基准点法。目标基准点法选取退休时点作为养老财务目标规划的基准点。这部分的计算涉及三个重要时点，分别是规划时点、退休时点、规划终点。在实际工作中，我们可以灵活设置养老财务目标规划的基准点。

其中，规划时点是开始做养老规划的时间点；退休时点是客户期望的退休时间，基于这个时点计算养老需求、养老储备资产和养老缺口；规划终点是客户最大预期寿命时点。

（一）规划中的货币时间价值

在计算养老缺口前，我们需要简单介绍一下货币时间价值。货币时间价值是指货币经历一定时间的投资之后所产生的价值。从量的规定性来看，货币时间价值是没有风险和通货膨胀的社会平均资金利润率。在实践中，货币时间价值原理揭示了不同时点上一定数量的资金之间的换算关系，是做出投资、筹资、财富管理决策的基础依据。货币时间价值计算器[1]的使用可以参考图 2-1。

图 2-1   货币时间价值计算器

（二）规划中的目标基准点法

根据目标基准点法，我们可以测算出养老财务目标是否存在缺口。在这里，我们引入养老缺口的计算公式：养老缺口 = 养老需求 – 养老储备资产。目标基准点法的规划思路可以参考图 2-2，我们希望通过合理规划，使得养老储备资产大于养老需求。

（三）规划流程

规划流程分为六步，依次是：建立和界定与客户的关系；收集养老规划信息，了解养老财务目标；分析和评估养老需求和养老储备资产，测算缺口；进行养老财务目标的再核定，制订养老规划方案；执行养老规划方案；动态调整养老规划方案。

---

1   本书涉及的软件，请通过查询 www.financialworld.cn 获取。

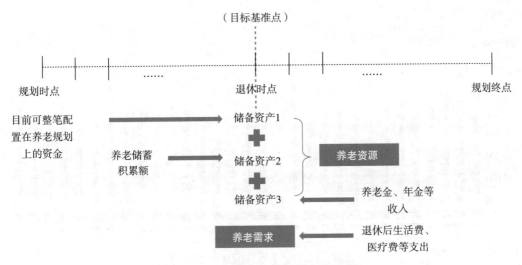

图 2-2　目标基准点法的规划思路

第二节　养老财务支出

一、养老财务支出的分类

（一）基本生活支出

养老基本生活支出包括食品、烟酒、交通、通信、服装等费用，还包括日常亲戚朋友之间的请客吃饭、红包往来等基本应酬。

基本生活支出金额受养老金水平、区域消费水平和个人习惯影响比较大。2021年全国人均职工养老金为 3.6 万元，全国人均消费支出为 3 万元，我国城镇职工养老金收入水平与消费支出水平的区域差异非常明显（见图 2-3）。

以北京为例，2021 年北京人均消费支出为 4.68 万元，假定老年人的消费支出低于人均水平，预计约 4 万元，那么根据北京城市居民消费结构中基本生活支出占比 50%～60% 测算，老年人的基本生活支出约为 2 万元。

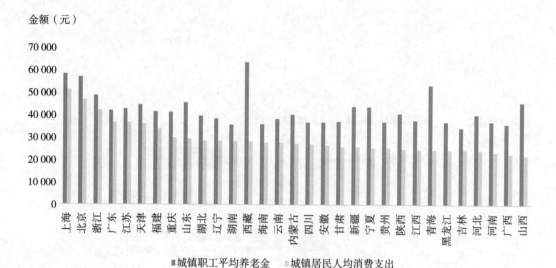

图 2-3   2021 年各省市城镇职工平均养老金与城镇居民人均消费支出

数据来源：国家统计局。

（二）医疗费用支出

医疗费用包括基础保健、慢性病、门诊医疗和住院医疗等所需要的费用，其中以慢性病和重大疾病的医疗费用为主。

慢性病患者的医疗费用与患病种数相关，患病种数越多，医疗费用越高。慢性病医疗费用为 0.3 万～2 万元／年，主要取决于得病种类及维护程度（见表 2-1）。

表 2-1   不同慢性病患病种数患者的卫生服务利用率及医疗费用比较

慢性病患病种数（种）	例数	卫生服务利用率 $[n（\%）]$		医疗费用 $[M（P_{25}，P_{75}），元]$			
		住院服务	门诊服务	住院总费用	住院自付费用	门诊总费用	门诊自付费用
0	3 218	154（4.79）	228（7.09）	5 750（3 000，12 000）	2 500（1 000，6 100）	233（85，800）	200（50，612）
1	3 895	359（9.22）	423（10.86）	6 000（3 000，11 000）	2 500（1 100，5 652）	300（100，1 000）	220（90，650）

（续表）

慢性病患病种数（种）	例数	卫生服务利用率[n（%）]		医疗费用[M（P_{25}, P_{75}），元]			
		住院服务	门诊服务	住院总费用	住院自付费用	门诊总费用	门诊自付费用
2	3 402	482（14.17）	513（15.08）	6 550（3 000, 13 000）	2 700（1 000, 6 094）	400（150, 1 000）	300（100, 705）
3	2 473	491（19.85）	510（20.62）	6 425（3 000, 14 570）	3 000（1 000, 7 000）	400（150, 1 000）	257（100, 800）
4	1 568	398（25.38）	327（20.85）	7 000（3 500, 18 000）	3 000（1 200, 8 000）	500（200, 1 100）	320（100, 1 000）
≥ 5	2 118	740（34.94）	587（27.71）	8 550（3 627, 20 000）	3 250（1 350, 9 000）	500（210, 1 500）	450（152, 1 000）
χ^2（H）值		1 200.000	562.976	26.526	14.048	68.800	48.246
P值		<0.001	<0.001	<0.001	<0.001	<0.001	<0.001

资料来源：《我国中老年人慢性病共病现状及其对卫生服务利用和医疗费用的影响研究》，中国全科医学，2022 年。

重大疾病医疗费用是老年人的大额支出，治疗费用为 10 万 ~ 80 万元 / 年，后期康复还需要 5 万 ~ 20 万元 / 年（见表 2–2）。

表 2–2　**重大疾病平均治疗费用**

重大疾病	医疗费用	重大疾病	医疗费用
癌症	22 万 ~ 80 万元	终末期肺病	10 万 ~ 30 万元
冠状动脉搭桥术	10 万 ~ 30 万元	昏迷	12 万元 / 年
急性心肌梗死	10 万 ~ 30 万元	双耳失聪	20 万 ~ 40 万元

（续表）

重大疾病	医疗费用	重大疾病	医疗费用
心脏瓣膜手术	10 万 ~ 25 万元	双目失明	8 万 ~ 20 万元
造血干细胞移植	22 万 ~ 50 万元	肢体切断	10 万 ~ 30 万元
脑炎 / 脑膜炎后遗症	20 万 ~ 40 万元	瘫痪	5 万元 / 年
良性脑肿瘤	10 万 ~ 25 万元	严重阿尔茨海默病	5 万元 / 年
严重脑损伤	10 万元 / 年	帕金森病	7.5 万元 / 年
慢性肝功能衰竭	10 万元 / 年	严重烧伤	10 万 ~ 20 万元
终末期肾病	10 万元 / 年	语言功能丧失	10 万元 / 年

资料来源：《国民防范重大疾病健康教育读本》，中国精算师协会，2020 年。

（三）养老居住支出

目前，我国养老模式基本以"居家＋社区"养老为主，机构养老为辅。比如，北京提出"9064"模式，即90%的老年人在家养老，6%的老年人通过社区养老，4%的老年人入住养老机构；上海提出的"9073"模式与此类似。

养老模式不同，养老居住支出不同。居家养老和社区养老的居住支出可以按物业费计算，而机构养老的费用因服务水平不同而不同（见表2-3）。

表 2-3   2021 年中国养老机构基本情况

项目	公办养老院	一般商业养老院	高级商业养老院
每月费用	3 000 元以下	3 000 ~ 8 000 元	8 000 元以上
服务水平	员工少，设备不完善	设备和服务以经济舒适为主	设备先进，环境优美
入住率	入住率高，基本满员	入住率高，多数达到 90% 以上	入住率低，30% 左右
特征	机构多，规模小	供不应求	—

资料来源：《2021 年中国养老服务发展报告》，艾瑞咨询。

（四）护理费用支出

中国保险行业协会与中国社科院人口与劳动经济研究所联合发布的《2018—2019 中国长期护理调研报告》显示，调查地区中有 4.8% 的老年人处于日常活动能力重度失能状态、7% 处于中度失能状态，总失能率为 11.8%。基本自理能力的衰弱也伴随着独立生活能力的退化，约有 25.4% 的老人需要得到全方位照料。

老年人身体状况不同，护理方式不同，费用也不同（见表 2-4）。

表 2-4　2022 年不同护理方式护理费用情况

护理方式	价格	老人状态	服务内容
家政或保姆	3 000 ~ 5 000 元 / 月	老人可以自理	只需做饭、打扫
家庭护工	5 000 ~ 8 000 元 / 月	老人无法自理	24 小时照顾病人起居、做饭、打扫等
医院护工	约 10 000 元 / 月	24 小时医院陪护	照顾住院病人，重症病人视情况增加费用
养老院	5 000 ~ 13 000 元 / 月	康复、失能、失智	由医生、护士、康复师、社工、护理员等团队，提供 24 小时无缝服务

资料来源：无忧保姆网、养老网。

（五）兴趣爱好支出

兴趣爱好是老年人的一种精神寄托，其中旅游普及程度高，消费占比最高，故此处的兴趣爱好费用以旅游费用测算为例。

相关数据显示，60 ~ 70 岁是老年人出游最多的年龄段，一线城市老年人对目的地、服务水平、住宿星级标准和整体体验感的要求较高，二线、三线城市的老年人更看重旅游景点的丰富程度，对价格较为敏感。2 000 ~ 3 000 元的国内游产品最为热门，一些更高端、更优质的定制游产品也很受欢迎，人均约 6 000 元 / 次，境外游人均约 15 000 元 / 次。

二、养老财务支出的特征

（一）养老财务支出刚性与弹性并存

基本生活支出和医疗费用支出刚性最强，因为维持正常生活是必要支出。养老居住支出和护理费用支出是可以根据家庭实际情况规划的，具有一定弹性。弹性最大的是兴趣爱好支出，可有可无，投入也可多可少，无上限。

（二）养老财务支出具有突发性

医疗费用支出和护理费用支出的突发性强。数据显示，50岁之后癌症发病率大幅上升，摔倒是造成65岁以上老年人伤害死亡的首要原因，发病及意外发生的时间、程度都无法预料。

（三）由家庭、年龄导致的养老财务支出差异大

家庭财富规模不同，财务支出结构差异也会相应较大，随着年龄增长，支出结构也在变化（见图2-4、图2-5、图2-6）。

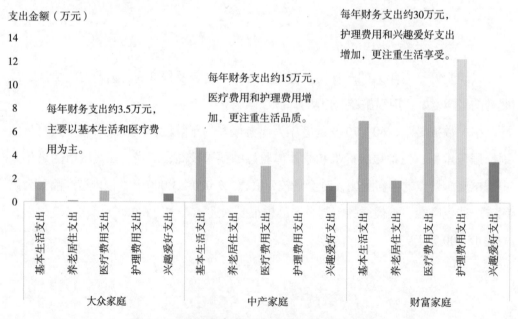

图 2-4　不同家庭养老支出结构差异（65岁）

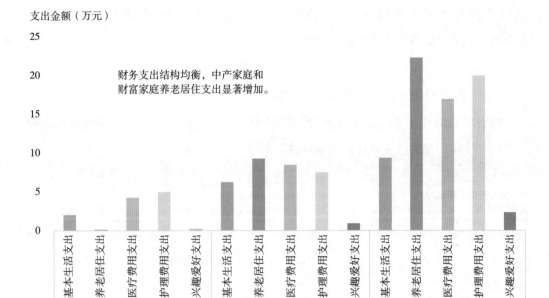

图 2-5　不同家庭养老支出结构差异（75 岁）

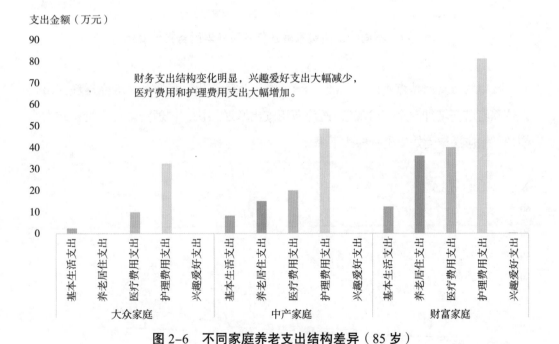

图 2-6　不同家庭养老支出结构差异（85 岁）

（四）寿命延长导致财务支出快速上升

2021 年我国卫生健康事业发展统计公报显示，居民人均预期寿命由 2020 年的

77.93 岁提高到 2021 年的 78.2 岁。预期寿命延长意味着高龄和失能人口增加，预期寿命越长，养老财务支出规模越大。

（五）养老财务支出呈阶梯式增长态势

随着年龄增长，考虑未来各项费用增长率，大众家庭、中产家庭和财富家庭的养老财务支出均呈现阶梯式增长（见图 2-7）。

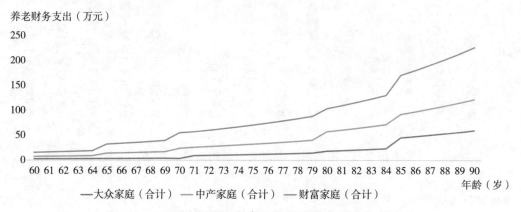

图 2-7　不同财富量级家庭各年龄段养老财务支出变化

各项财务支出特点不同（见图 2-8）：基本生活支出平稳增长，养老居住支出因入住养老院而增加一个"阶梯"，医疗费用支出增速最快，护理费用支出阶梯式大幅增长，相应兴趣爱好支出阶梯式下降。

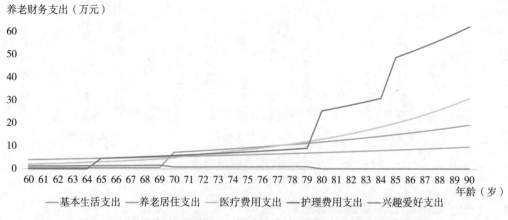

图 2-8　不同年龄段养老五大财务支出特点（以中产家庭为例）

第三节   养老收入

一、养老收入的分类

收入按照来源不同分为工作收入和理财收入，按照获得时间不同分为退休前收入和退休后收入。养老收入是指退休后收入，主要包括社保养老金及退休后的工作收入和理财收入，社保养老金可以理解为退休前工作收入的延期支付形式。

社保养老金是在劳动者年老或丧失劳动能力后，根据他们对社会所做的贡献和所具备的享受养老保险资格或退休条件，按月或一次性以货币形式支付的养老金，主要用于保障职工退休后的基本生活需要。退休后第一个月的社保养老金按照计发公式计算确定，之后每年会有一定调整比例。一般情况下，社保养老金低于退休前工作收入，公务员、教师退休后的养老金替代率较高。

退休后工作收入是指退休后单纯依靠体力劳动和脑力劳动的付出而获得的收入，比如工资薪金、劳务报酬、稿酬、特许权使用费、经营所得等。随着年龄增长，劳动能力逐步丧失，退休后工作收入会逐步减少。

退休后理财收入是指借助某一工具获得的收入，以资产性收入为主，比如财产租赁所得、财产转让所得、利息/股息/红利所得、保单收入等。退休后理财收入取决于养老储备资产的规模变化和投资报酬率。随着年龄增长，养老储备资产消耗增加，理财收入会逐步减少。图 2-9 所示的是人一生的收入曲线变化。

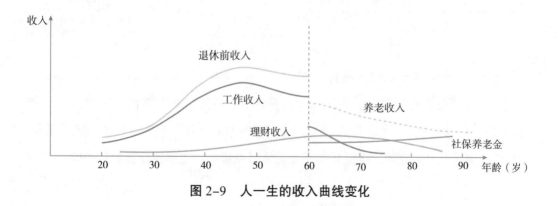

图 2-9   人一生的收入曲线变化

二、养老收入的特征

（一）养老收入刚性强，弹性弱

在养老收入中，养老金相对固定，工作收入随着劳动能力的丧失而快速下降，理财收入随着资产的消耗也会逐步减少，所以养老收入的弹性很弱。而且，随着工作能力丧失，资产消耗殆尽，身体状况恶化，有的老人最终不得不依靠子女资助、国家补贴、亲戚朋友补贴生活。

（二）不同来源的养老收入存在不确定性

养老收入的三大来源分别为社保养老金、退休后工作收入、退休后理财收入，而理财收入可以分为养老年金和其他理财收入，收入来源不同，确定性就不同（见表 2-5）。

表 2-5   不同来源收入金额及期限特征

养老收入来源		金额	期限
社保养老金		不确定	确定
退休后工作收入		不确定	不确定
退休后理财收入	养老年金	确定	确定
	其他理财收入	不确定	不确定

（三）不同家庭养老收入差异明显

大众家庭退休前后收入变化比较大，养老收入主要由社保养老金组成；中产家庭退休前后收入变化不大，养老收入主要由社保养老金和房租或投资收益或养老年金组成；财富家庭养老收入多元化，不受退休时点影响，主要由投资收益组成。

第四节   养老储备资产

养老储备资产是指可以为老年生活带来现金流入、实现养老目标的所有有形资产，包括政策性养老资产、可投资性金融资产、商业保险、养老房产和其他资产，不包括个人荣誉、才能、技能、健康等无形资产。

一、养老储备资产的类型

（一）政策性养老资产

政策性养老资产包括按国家政策规定缴纳的社保养老金、基本医疗保险、住房公积金和企业年金、职业年金。

养老资产不同，特点不同。比如：社保养老金覆盖率高，但不同地区、职业、职级等的差异很大；基本医疗保险包括职工基本医疗保险和城乡居民医疗保险，其中职工基本医疗保险包括企业、机关事业单位、灵活就业三类参保人员，参保率稳定在95%以上。目前，企业年金覆盖范围比较狭窄，且规模不大。

（二）可投资性金融资产

中国人民银行发布的《2019年中国城镇居民家庭资产负债情况调查》显示：户主年龄为56～64岁的家庭户均总资产最高，约为355.4万元；户主年龄为65岁及以上的家庭投资银行理财、资管、信托产品的均值为23.9万元，是总体平均水平的1.4倍，远高于其他年龄段水平。可见，老年人的可投资性金融资产规模可观，主要分布在银行金融资产、券商金融资产、基金资产、信托资产等不同产品上。

可投资性金融资产流动性较好，可以获得被动收益，但收益不确定，且资金规模受收入限制，投资收益受资产配置影响很大。

（三）商业保险

商业保险是养老储备资产中非常重要的资产，可以平滑养老支出曲线，增加养老现金流，但需提前规划，缴费阶段对客户现金流要求高。在养老规划过程中，常见的养老相关商业保险见表2-6。

表 2-6　养老相关商业保险及保障责任

保险类型	保险产品	保障责任
意外保障类	意外伤害保险	意外医疗 + 身故伤残责任
健康保障类	商业医疗保险	医疗机构 + 医疗费用报销 + 就医服务
	重大疾病保险	轻症、中症或重症赔付责任（+ 身故责任）
	商业护理保险	特定护理 + 特别护理或意外伤残护理
养老金补充类	养老年金保险	生存金给付 + 身故责任
	增额终身寿险	现金价值领取 + 身故责任
	两全保险	满期金给付 + 身故责任

（四）养老房产

养老房产是除自己居住以外的、可以作为养老储备资产的房产。调查数据显示，85% 的老年人拥有一套及以上住房。随着年龄增长，老年人拥有两套住房的比例会逐年下降。

房产比重高的客户需要考虑房产养老的优劣势，比如房产过去增值速度快，具有很强的财富扩大效应，但流动性弱，需打理，未来在保值和收益率方面存在很大不确定性。是否要留有多套房产养老，取决于客户的储备资产构成和客户的认知或偏好。

（五）其他资产

其他资产包括企业股权、继承的遗产、获得的捐赠等。财富家庭的股权资产比重较高，包括控股股权和参股股权，继承的遗产类别多样，包括金融资产、不动产和各类动产。这类资产个性化特征明显，因人而异。

二、养老储备资产的特征

（一）居民资产中房产比重高

数据显示：我国城镇居民资产配置仍然以实物资产为主，占 79.6%，其中住房的比例达到 59.1%，商铺、汽车、经营性资产等实物资产的比例均不到 10%，金融资产约占 20.4%。我国城镇居民家庭的住房拥有率为 96.0%，户均拥有住房 1.5 套，有一套住房的家庭占比 58.4%，有两套住房的占比 31.0%，有三套及以上住房的占比 10.5%。[1]

（二）金融资产投资收益低

根据中国人民银行发布的《2019 年中国城镇居民家庭资产负债情况调查》显示的居民金融资产构成比例为依据进行测算，过去十年我国居民金融资产组合投资收益率为 3.26%（见表 2-7）。整体收益率低的主要原因是金融资产中活期存款、定期存款和银行理财比重高，权益投资比重低。

表 2-7 我国居民金融资产组合投资收益水平测算

资产类别	比重	过去十年平均收益	收益基准
现金及活期存款	19.6%	0.3% ~ 0.4%（0.35%）	活期存款基准利率
定期存款	26.4%	1.5% ~ 4.75%（3.1%）	定期存款基准利率
公积金	9.8%	1.1% ~ 2.6%（1.85%）	三个月整存整取利率
债券基金	1.4%	5%	中证债券基金指数
银行理财、资管、信托	31.2%	3% ~ 6%（4.5%）	市场收益预估
基金	4.1%	6.5%	中证基金指数
股票	7.5%	6%	沪深 300 指数
组合投资收益		3.26%	区间收益取中位数

（三）商业保险配置不足

根据 2015—2019 年我国个人金融资产构成来看，保险资产占金融资产的比重为 9% ~ 10%，呈上升趋势但增长缓慢（见图 2-10）。与发达国家相比，英国保险和养老金资产占比 56.02%，日本保险和养老金资产占比 28.21%，而我国保险和养老金资产占比只有 10.22%（见图 2-11）。

---

1 数据来源：《2019 年中国城镇居民家庭资产负债情况调查》，中国人民银行。

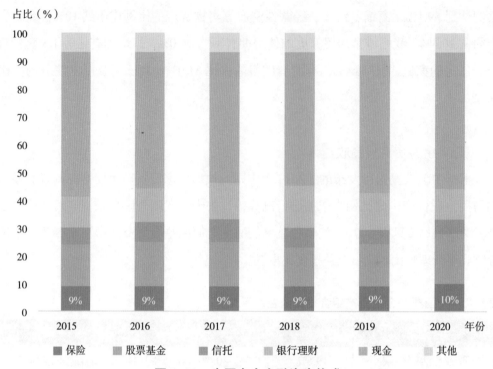

图 2-10   中国个人金融资产构成

数据来源：麦肯锡财富数据库、中信证券研究部研报。

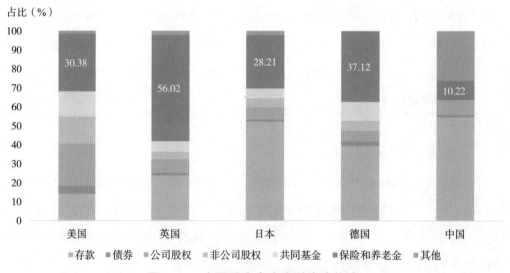

图 2-11   主要国家个人金融资产构成

数据来源：《2018·径山报告》分报告《比较金融体系与中国现代金融体系建设》。

保险作为管理家庭风险和现金流的工具，在养老规划中尤其重要，需得到足够重视。

（四）不同财富量级家庭的资产结构差异明显

家庭财富量级越高，资产越多元化，房产比重会下降，金融资产会增加。大众家庭资产主要以房产和现金为主；中产家庭的房产比重会下降，债券、股票等金融资产比重会增加；财富家庭的房产比重会继续下降，金融资产比重会增加。

第五节　养老财务缺口的测算

一、养老财务缺口的计算

根据养老规划原理，按照目标基准点法进行计算。

假设退休时点为 60 岁，首先将未来养老支出按照退休后的投资报酬率折算到退休时点，即养老支出现值，然后将未来养老收入按照退休后的投资报酬率折算到退休时点，即养老收入现值，最后根据规划时点的养老专项资产和退休前养老资产的积累计算退休时点可以获得的养老储备资产，并基于下列公式计算得出退休时点总缺口。

退休时点总缺口 =（养老支出现值 – 养老收入现值）– 退休时点养老储备资产

总缺口等于零，表明收入现值和储备资产终值正好满足未来的养老支出需求。

总缺口大于零，表明收入现值和储备资产终值无法满足养老支出现值，即有缺口，需要通过增加收入或储备资产来弥补缺口。

总缺口小于零，表明收入现值和储备资产终值可以完全满足养老支出现值，有盈余。

此处，退休时点可以根据客户需求确定，例如 58 岁或 65 岁等。

假设：客户 60 岁，社保养老金 6 万元 / 年，增长率 3%，退休后工作收入 15 万元 / 年，工作到 65 岁，房租收入 3.6 万元 / 年，增长率 2%；养老财务支出 8 万元 / 年，增长率 5%，75 岁第一次生病，医疗费用 30 万元（现值），81 岁第二次生病，医疗费用 30 万元（现值）；养老储备资产收益率 4%，当出现支出缺口时，消耗储备资产来填补缺口。

如图 2-12 所示，我们发现在退休阶段前期收入会有一定盈余，当身体开始生病时，养老支出增加，收入无法覆盖的部分需要通过消耗养老储备资产及其收益来补足，所以，养老储备资产越多，可支撑生命持续的时间越久。另外，锻炼身体，可以推迟生大病时间或减少生病次数，从而延长储备资产消耗时间。

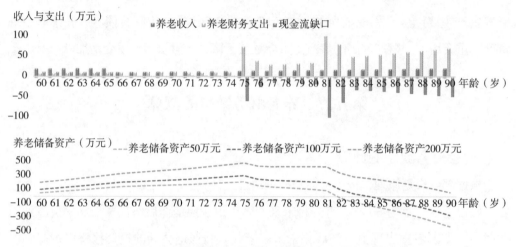

图 2-12　客户养老收支变化与储备资产变化对照图

二、案例分析——律师家庭的养老财务缺口

客户赵先生，今年 40 岁，是一名上海的律师。赵先生对金融机构较熟悉，风险属性测试结果为稳健型，愿意接受财富管理领域的相关服务。赵先生已婚，有一个儿子，目前有一套一家三口居住的自住房，这套自住房无贷款。赵先生家庭的基础信息如表 2-8 所示。

表 2-8　客户基础信息

项目	赵先生	赵太太
年龄	40 岁	40 岁
学历	硕士研究生	博士研究生
健康状况	亚健康、高血压	良好
职业专长	律师	教师

（续表）

项目	赵先生	赵太太
家庭收入	年税后收入 40 万元	年税后收入 20 万元
资产	金融资产 150 万元，车 50 万元，120 平方米住房现价 960 万元	
保障情况	社会保险：养老、医疗、失业、住房公积金、补充医疗保险	
支出	赵先生夫妇的基本生活支出合计 20 万元，子女生活支出 20 万元	

赵先生夫妇在养老方面的法定储备资产信息如表 2-9 所示。

表 2-9　客户养老的法定储备资产

项目	赵先生	赵太太
退休后每年的养老金收入	268 788 元	140 532 元
退休时点的医疗保险累计额	0 元	0 元
退休时点的公积金累计额	3 816 547 元	1 908 273 元

案例涉及的相关假设信息如表 2-10 所示。

表 2-10　案例涉及的相关假设

退休前收入增长率	3%	退休时点	均为 20 年后
房价增长率	1%	社保投资报酬率	2%
基本生活费用增长率	4%	退休后投资报酬率	2%
退休前投资报酬率	3%	退休后预期余寿	均为 30 年
医疗费用增长率	6%	护理费用增长率	5%

赵先生夫妇关于养老财务目标规划的相关信息如表 2-11 所示。

表 2-11　客户初始养老财务目标规划

目标	初始规划
基本生活支出	支出目标替代率 80%
医疗费用支出	可以负担各种医疗费用
养老居住支出	退休时将现住房换成同小区 100 平方米的房子
护理费用支出	预计退休 10 年后开始需要护理服务
兴趣爱好支出	赵先生喜欢旅游，赵太太喜欢养宠物

赵先生夫妇养老财务目标规划的计算过程如表 2-12 所示。

表 2-12　客户初始养老财务目标规划的计算过程

目标	初始规划的计算过程
基本生活支出	退休前一年的基本生活支出：$200\ 000 \times (1+4\%)^{19} = 421\ 370$ 元 退休第一年的基本生活支出：$421\ 370 \times 80\% = 337\ 096$ 元 退休后的基本生活支出在退休时点的现值：PV = 13 591 661 元
医疗费用支出	退休第一年的医疗费用支出：$30\ 000 \times (1+6\%)^{20} = 96\ 214$ 元 退休后的医疗费用支出在退休时点的现值：PV = 5 325 999 元
养老居住支出	$80\ 000 \times (1+1\%)^{20} \times 100 = 9\ 761\ 520$ 元
护理费用支出	70 岁时首年的护理费用支出：$100\ 000 \times (1+5\%)^{30} = 432\ 194$ 元 退休后的护理费用支出在 70 岁时点的现值：PV = 11 543 976 元 70 岁时点的金额折现到 60 岁退休时点的金额： $11\ 543\ 976 \div (1+2\%)^{10} = 9\ 470\ 081$ 元
兴趣爱好支出	赵先生夫妇退休后旅游、养宠物每年的费用支出： $15\ 000 + 5\ 000 = 20\ 000$ 元 退休后的兴趣爱好支出在退休时点的现值：PV = 183 245 元

根据上述计算结果，可以汇总得出赵先生夫妇的养老需求如表 2-13 所示。

表 2-13　客户初始养老财务目标规划的金额汇总

目标	生活支出	医疗支出	居住支出	护理支出	兴趣支出
退休时点的现值	13 591 661 元	5 325 999 元	9 761 520 元	9 470 081 元	183 245 元

在汇总养老需求的过程中，我们可以发现影响养老需求的主要因素包括退休时点、预期余寿、费用增长率和支出替代率。

接下来，我们再计算赵先生夫妇的养老资源。赵先生夫妇没有医疗、护理方面的储蓄，也没有用于兴趣爱好的储蓄。在目前赵先生夫妇养老的法定储备资产中，养老资源的提供集中于基本生活目标和养老居住目标。

首先，测算赵先生夫妇退休当年的基本养老金：根据软件计算结果，赵先生为6 140 296 元，赵太太为 3 210 367 元，赵先生夫妇合计 9 350 663 元。

其次，测算赵先生夫妇实现居住目标的买房资金：公积金合计 3 816 547 + 1 908 273 = 5 724 820 元，出售原住房得 $80\,000 \times (1 + 1\%)^{20} \times 120 = 11\,713\,824$ 元，两项相加，买房资金合计 17 438 644 元。

最后，根据之前的计算结果，可以汇总得出赵先生夫妇的养老资源如表 2-14 所示。

表 2-14　客户初始养老财务目标规划的缺口

目标	需求在退休时点的现值（元）	养老资源在退休时点的现值（元）	缺口情况
基本生活支出	13 591 661	9 350 663	存在缺口
医疗费用支出	5 325 999	基本医疗保险部分报销，补充医疗保险部分报销	存在缺口
养老居住支出	9 761 520	17 438 644	无缺口
护理费用支出	9 470 081	无	存在缺口
兴趣爱好支出	183 245	无	存在缺口

在汇总养老资源的过程中，我们可以发现影响养老资源的主要因素包括退休时点、财富水平、投资报酬率、收入替代率和收入增长率。

三、养老财务缺口调整策略

在前文赵先生的案例中，我们发现赵先生夫妇存在养老财务缺口。接下来，我们再来介绍养老财务缺口的解决思路。

养老财务缺口的解决主要通过增加养老储备资产和减少养老需求来实现。

我们先来介绍增加养老储备资产的相关措施。面对养老财务缺口，首要的解决方案是增加养老储备资产，相对于"节流"而言，"开源"的方案更为可行。其中，工作收入是大多数人的主要收入来源。增加工作收入的具体措施主要包括提高收入增长率，增加兼职，延长工作年限。

在工作收入之外，随着财富水平的增长，理财收入变得越来越重要。对于大众人群而言，可以用于理财的资产有限，理财收入对养老储备资产的贡献度较低；对于中产人群和财富人群而言，理财收入对养老储备资产的贡献度较高，增加未来理财收入可以有效增加养老储备资产。要想提高理财收入，一方面需要增加用于理财的投资性资产，另一方面需要提高投资报酬率。其中，投资性资产是理财收入的基础。

除了增加投资性资产，增加理财收入的另一个关键因素是提高投资报酬率。提高投资报酬率的具体步骤是：重新梳理为养老财务目标规划所储备的所有资产，除了政策原因导致的部分无法重新配置的固定用途储蓄，对自行投资的资产组合进行检视，计算现有资产配置的有效性和风险程度，调整投资组合的风险程度和流动性水平，以提升投资组合的综合预期收益，使得养老储备资产以更快的收益率增长，弥补存在的养老财务缺口。

需要注意的是，提高投资报酬率的措施在提升整体资产收益水平的同时，必然会导致养老储备资产面临更大的波动风险，这种相对过激的投资策略需要认真评估可能的风险，在征得客户同意以后才能实施，并且需要严密的市场跟踪，避免出现过大风险导致的不良后果。

在增加养老储备资产后，如果仍无法弥补养老财务缺口，就需要减少未来养老需求，进行养老财务目标再核定。养老财务目标再核定的具体步骤是：对基本生活、医疗、养老居住、护理和兴趣爱好等养老财务目标进行分类，区分重要程度，合理进行排序；对非核心目标进行降级；从降低单一财务目标，到降低多项目标；取消某些非核心目标；渐次减少养老财务目标总量，或者推迟部分养老财务目标实现的时间，实现整体养老规划。

养老财务目标再核定，要求根据不同养老需求对客户的重要性，对基本生活目标、医疗费用目标、养老居住目标、护理费用目标、兴趣爱好目标依次进行排序，从而决定是否调整目标。需要提醒的是，这是一种以牺牲养老生活品质为代价的妥协，一般只有在增加养老储备资产后仍然存在养老财务缺口的情况下才考虑。

第六节　养老财务目标的再核定

接下来，我们通过对赵先生案例的进一步分析，介绍养老财务目标的再核定。

一、财务缺口分析

结合赵先生案例的计算结果，赵先生夫妇的养老财务缺口如下：

（13 591 661+5 325 999+9 761 520+9 470 081+183 245）–（9 350 663+17 438 644）=38 332 506–26 789 307=11 543 199元。

赵先生夫妇有金融资产150万元，规划时点当年可储蓄20万元，如果赵先生夫妇将全部金融资产和未来储蓄用来养老，退休时可以补充的养老资产为9 723 191元。这表明，即使赵先生夫妇将全部金融资产和未来储蓄用来养老，也不足以弥补养老财务缺口。

二、财务目标的调整与再核定

结合赵先生案例的计算结果和养老财务目标健康标准，经过与赵先生夫妇讨论后，我们重新核定赵先生夫妇的养老财务目标，具体思路是：根据养老财务目标的弹性大小，对弹性较小的基本生活目标、医疗费用目标不做调整，对弹性较大的养老居住目标、护理费用目标、兴趣爱好目标适当缩减金额。

对养老居住目标的调整：退休后的住房换成同小区80平方米的房子，退休时点的房价为7 809 216元。

对护理费用目标的调整：退休后年护理费用支出的现值缩减为60 000元，退休时点的金额为5 682 062元。

对兴趣爱好目标的调整：赵先生退休后每年旅游的费用缩减为12 000元，赵太太退休后每年养宠物的费用缩减为 3 000 元，兴趣爱好每年的总计费用为 15 000 元，退休时点的金额为 137 434 元。

三、财务缺口的重新测算

对养老财务目标进行再核定后，重新计算赵先生夫妇的养老财务缺口：

（13 591 661+5 325 999+7 809 216+5 682 062+137 434）–（9 350 663+17 438 644）=32 546 372–26 789 307=5 757 065 元。

这表明，赵先生夫妇可以从金融资产、未来储蓄中拿出一部分资金，只要在退休时点增加 5 757 065 元的养老储备资产，就可以实现养老财务目标。

赵先生夫妇养老财务目标再核定的结果汇总如表 2–15 所示。

表 2–15　客户再核定养老财务目标规划后的缺口

目标	需求在退休时点的现值（元）	养老资源在退休时点的现值（元）	缺口情况
基本生活支出	13 591 661	9 350 663	存在缺口
医疗费用支出	5 325 999	基本医疗保险部分报销，补充医疗保险部分报销	存在缺口
养老居住支出	7 809 216	17 438 644	无缺口
护理费用支出	5 682 062	无	存在缺口
兴趣爱好支出	137 434	无	存在缺口

第三章

养老资产的配置

第一节　养老资产的配置理论与实施

个人养老资产作为基本养老金之外的补充养老资金来源，关系到个人养老财务目标能否实现，对养老资产组合的保障性、安全性、收益性和流动性都有较高要求。养老资产配置是指将养老储备资产合理配置于不同类型、不同功能的金融产品，是助力养老资产组合实现收益和管理风险的关键策略。

一、养老资产配置的目标与特点

（一）养老资产配置的三大目标

养老资产配置的目标简单来说就是保障养老财务目标的实现，具体而言则可分为三大目标，即：弥补养老财务缺口、管理养老财务风险、提高养老生活品质。

1. 弥补养老财务缺口

在基于养老财务目标规划测算出养老财务缺口之后，下一步就是考虑将养老储备资产进行投资，通过投资收入弥补养老财务缺口。

根据已有的养老储备资产和预计未来可增加的养老储备资产，我们可以计算出弥补养老财务缺口所需的必要投资收益率。必要投资收益率是养老资产的本金和收益恰好可以弥补养老财务缺口的最低收益率。如果养老资产组合实现的收益率高于必要投资收益率，那么在预期寿命结束时养老资产将有剩余；如果养老资产组合实现的收益率低于必要投资收益率，那么在预期寿命未尽之前养老资产将提前耗尽。

确定必要投资收益率后就能确定实现该收益率的最优投资组合。不同投资组合的风险收益特征不同，收益率越高的投资组合风险越大，而不同投资者的风险属性不同，因此要考虑实现必要投资收益率的投资组合是否与投资者的风险属性相匹配。

2. 管理养老财务风险

与其他个人财务目标最大的不同是，养老财务目标属于超远期目标，从规划到目标实现往往相隔长达数十年。在此期间，通货膨胀、疾病、长寿、投资等诸多风险都可能成为影响养老财务目标能否实现的因素。因此，养老资产配置必须充分考虑这些风险因素的影响，并采取相应工具进行管理。

3. 提高养老生活品质

如果在弥补基本养老财务缺口（衣食住行、医疗、护理）之后，养老储备资产仍有剩余，则可考虑将剩余的资产用于提高养老生活品质或传承。提高生活品质的资金需求弹性一般较基本养老支出的资金需求弹性更大，投资者可以容忍更大的风险以实现更高的收益。

（二）养老资产配置的四个误区

普通投资者由于缺乏养老资产配置知识，通常容易陷入过于集中、过于保守、过于迟缓和过于乐观四个误区。在实践中，识别并向投资者解释陷入这些误区的后果，有利于构建更合理的养老资产配置组合。

"过于集中"是指某一大类资产（通常为房产）占比过大，导致投资风险未得到有效分散，养老资产组合易遭遇损失。

"过于保守"是指低收益高安全资产占比过大，养老资产组合长期积累的收益低。

"过于迟缓"是指投资者考虑养老资产配置的时点太晚，养老资产组合投资的复利效应不能充分显现。

"过于乐观"是指投资者对长寿和疾病风险重视不够，保障类资产配置比例偏低，一旦出现风险事件将快速消耗养老资产。

（三）养老资产组合应具备的特点

基于养老资产配置目标所构建的养老资产组合应兼具保障性、安全性、收益性和流动性四大特点。

保障性是指能够防御疾病、失能、失智、长寿等意外或健康风险对养老资产的严重损耗；安全性是指养老目标的资金需求弹性较小，养老资产组合在历经市场波动后，仍能弥补最低基本养老支出的财务缺口；收益性是指养老资产组合能实现一定的收益以抵抗长期通胀对养老资产购买力的显著负面影响。在退休前，流动性关注的是，当市场环境和生活目标发生重大变化时，养老资产组合能较轻松地进入或退出特定投资；进入养老阶段，流动性关注的是维持日常养老支出。

二、养老资产的配置理论

（一）养老资产配置的思路

养老资产配置的基本思路是：基于不同类型的资产所具备的不同属性，通过将养老资产合理地配置于不同大类资产与产品，使得养老资产组合兼具保障性、流动性、安全性和收益性，实现弥补养老财务缺口、管理养老财务风险和提高养老生活品质的目标。

保障性的实现主要是通过年金险、健康险和疾病险等保险产品的配置；流动性取决于所投产品的变现时间和变现成本；安全性源于现金类和固收类资产提供的保护垫；收益性的提高则主要依赖权益类资产的比例和投资策略。

基于有限的养老储备资产，投资者往往需要在安全性和收益性之间进行权衡，此时就需要求助于资产配置理论或模型，在控制风险的前提下寻找最优资产组合。

一般而言，资产配置的优先次序应该是：首先满足流动性和安全性需求，其次满足保障性需求，最后满足收益性需求。然而，由于财富规模的差异，不同人群在对待上述需求的态度上存在差异。大众人群以弥补基本养老支出缺口为目标，注重养老资产的保障性和安全性；中产人群在弥补基本养老支出缺口的基础上，追求更高品质的养老生活，在保障性和安全性得到满足后，希望通过资产配置获得一定的收益性；财富人群则希望在为养老资产提供风险隔离保护的基础上，获得更好的养老资源与服务，追求自我实现。

（二）经典的资产配置理论

资产配置理论根据投资者的风险偏好确定适合投资者的最优资产组合，体现了投资者在风险和收益之间权衡的结果，不同的资产配置理论对风险和最优组合的定义存在差异。

1. 现代资产组合理论

经典的资产配置框架基于现代资产组合理论（Modern Portfolio Theory，MPT），该理论建议投资者在特定风险水平下尽量实现收益的最大化。根据现代资产组合理论可绘制出不同风险水平下预期收益最高的资产组合曲线，即"有效前沿"，据此可确定匹配投资者风险属性的最优资产组合。

2. 风险平价模型

风险平价模型（Risk Parity Model，RPM）在现代资产组合理论的基础上进行了改进，将资产组合风险进行平均分配，使不同风险资产具有相同的风险暴露度。在平均分配风险后，每类资产对总体组合有着大致相等的风险贡献。因此，无论处于哪种经济环境，组合中总会有一类适应该环境的资产表现好，整体资产组合便可以适应不同的经济环境而维持收益。

养老资产的投资周期很长，其间会历经不同经济环境，风险平价模型为投资者在不同环境下坚持资产配置策略提供了支持。

（三）大类资产的风险收益

无论是大类资产的分类还是资产配置组合的确定，都需以大类资产的风险收益特征为基础。资产配置实施前需要掌握大类资产的基本特性，包括预期收益率、波动率和大类资产间的相关性等。

金融资产一般可分为现金类、固收类、权益类和另类资产（包括大宗商品、金融衍生品、对冲基金、实物资产等）。2012 年 8 月 1 日至 2022 年 8 月 1 日的历史数据显示，大类资产（采用中证货币指数代表现金类资产、中证全债指数代表固收类资产、中证全指指数代表权益类资产、南华商品综合指数代表大宗商品）的历史年化收益率和波动率分别是：现金类 3.1%、0.4%，固收类 4.3%、1.2%，权益类 8.9%、22.9%，商品类 4.2%、14.9%。

大类资产间的低相关性是资产配置分散风险，以及在控制风险的前提下获取最大收益的关键。如表 3-1 所示，根据前述历史数据，可得出我国大类资产间的相关性较低甚至为负。

表 3–1　我国大类资产间的相关性

资产类型	固收类	权益类	现金类	大宗商品
固收类	1			
权益类	−0.04	1		
现金类	0.03	0.01	1	
大宗商品	−0.06	0.28	−0.01	1

资料来源：东方财富 Choice 数据库。

1. 权益 – 固收组合的风险收益

权益类资产的比例对养老资产组合的整体风险水平有决定性影响，这是因为权益类资产的风险远超固收类资产。随着权益类资产比例的提高，权益 – 固收组合的风险和收益会上升，但风险上升的速度要快得多，因此只要加入很小比例的权益类资产，资产组合的风险收益比就可达到最大值。

2. 长周期下的风险收益

权益类资产收益的确定性与投资期限密切相关。由于养老资产的投资期限长，我们有必要拉长周期来看待大类资产的风险收益特征。随着考察周期的拉长，权益类资产高收益的确定性增强，反之亦然，如图 3–1 所示。在养老资产组合构建初期，剩余的投资期限最长，投资权益类资产取得收益的确定性就最强，因此此时最有利于投资者在组合中加入权益类资产。

3. 房产对养老资产配置的影响

房产在中国普通居民家庭资产中占比 70% 左右，是造成养老资产集中度较高的主要原因。在房产占比很高的情况下，一旦房地产市场出现大幅下跌，养老资产就将遭遇重大损失；若房地产市场长期低迷，也将拖累养老资产的积累速度。因此，适当降低房产比例，增加金融资产配置比例，既能减少家庭资产中的房地产风险暴露，也对养老资产的积累更为有利。

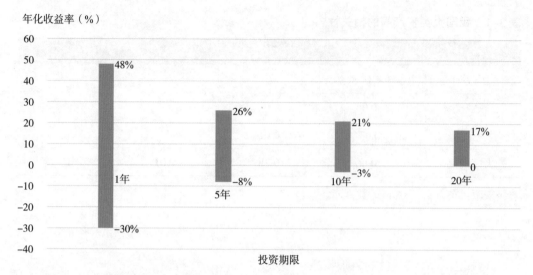

图 3-1　权益类资产随着投资期限变化的预期收益率范围（95% 置信区间下）[1]

资料来源：东方财富 Choice 数据库。

三、养老资产配置的实施

养老资产配置需要按照一系列流程实施，具体实施流程为：明确投资者的风险属性→确定养老资产的战略配置比例→确定养老资产的战术配置比例→投资产品的选择与组合→资产配置的定期检视与调整。按此流程，养老资产配置开始后将会伴随投资者的余生。

（一）明确投资者的风险属性

投资者的风险属性是影响资产配置结果的决定性因素之一。按照不同的风险厌恶程度，投资者的风险属性可分为保守、稳健、平衡、积极和进取五种类型。投资者的风险属性受年龄、投资期限、收入情况、性格、家庭责任和财务目标等诸多因素的影响。

在实践中，我们还需结合投资者对待养老目标的态度考察投资者的风险属性。

1　固收类资产的年化收益率为 4.53%，权益类资产的年化收益率为 8.83%，固收类资产（用中证全债指数代表）、权益类资产（用中证全指指数代表）的预期收益率基于 2012—2022 年的历史表现得出；历史表现不代表未来表现。假设收益率服从正态分布，例如：持有权益类资产 20 年，有 95% 的可能性年化收益率位于 0 至 17% 之间。

行为金融学指出个人普遍存在多个"心理账户"，在不同的"心理账户"里，个人对待金钱的态度并非一样，而是视钱"从何而来，去往何处"而采取不同的态度。舍夫林和斯坦特曼将心理账户与投资方式结合，指出"存在多个心理账户的投资者会将投资组合分成不同的账户，每一个账户都对应着投资者特定的投资目的和风险属性"。[1] 投资者对待养老财务目标和对待其他财务目标的风险态度一样，都可能存在差异，这些差异由多种因素所导致，如表 3-2 所示。

表 3-2　影响投资者对待养老财务目标的风险态度的因素

倾向保守	倾向激进
越年长	越年轻
退休时点越靠前	退休时点越靠后
薪酬与股市相关性越强	薪酬与股市相关性越弱
养老财务缺口越小	养老财务缺口越大
养老财务缺口弹性越小	养老财务缺口弹性越大
储蓄率越高	储蓄率越低
无社保	有社保
当前家庭责任越重	当前家庭责任越轻
越轻视长寿、疾病风险	越重视长寿、疾病风险

资料来源：Vanguard 集团。

受这些因素影响，随着年龄增长，投资者的风险属性趋于保守，且退休前后投资者的风险属性会呈现出明显差异。

根据行为金融学的心理账户理论，投资者对待不同养老细分目标的风险态度也存在差异：对基本养老支出（衣食住行、医疗、护理）的风险容忍度最低；对可选养老支出（旅游、娱乐、爱好）的风险容忍度稍高一些；对传承和慈善等目标的风

1　Hersh Shefrin，Meir Statman. Behavioral Portfolio Theory［J］. *Journal of Financial and Quantitative Analysis*，2000，35（2）：127-151.

险容忍度更高。因此，养老财务目标的具体构成（投入不同细分目标的资金占比）也将影响资产配置的整体风险属性，风险容忍度较高的细分目标的占比较大会提升投资者对待养老财务目标的整体风险态度。

（二）确定养老资产的战略配置比例

养老资产的战略配置是以养老为目标的长期最优资产组合。这一组合中大类资产的比例是资产配置模型基于大类资产的中长期表现、投资者对待养老财务目标的风险态度和投资期限所确定的。养老资产的战略配置对短期市场波动关注较少，更多关注在控制风险的前提下获取长期收益，需要投资者在面对短期市场波动时保持一定的投资定力，不轻易大幅改变战略配置比例。

（三）确定养老资产的战术配置比例

战术配置围绕养老资产战略配置比例中枢，基于市场变化给出短期（一年以内）资产配置调整方案，以规避市场风险或抓住市场机遇。战术配置可以通过分析经济周期、板块轮动、市场估值、市场情绪及各类资产的核心驱动因素等多项指标的变化趋势来开展，需要以敏锐的市场洞察力和扎实的研究工作为基础。战术配置的能力最能体现机构和投资顾问的专业性。

（四）投资产品的选择与组合

养老资产配置的选择遵循自上而下的原则，即先由战略配置和战术配置确定大类资产比例，再根据所选优质产品的底层资产分配产品的投资比例。

1. 权益产品选择与组合

养老资产组合中的权益类资产通常以"核心＋卫星"产品组合的方式构建。权益类资产的核心资产一般由指数基金与2~3只精选主动基金（包括公募、私募）构成，卫星资产由行业基金、主题投资基金、中小盘基金、其他基金（包括公募、私募）构成。

2. 固收产品选择与组合

在距离退休时点较远时，养老资产组合中的固收类资产主要由长久期固收产品构成；投资者进入养老阶段，要减少长久期产品占比，注意长、短久期产品搭配。在对维持日常支出所需的流动性资产进行管理时，投资者可用短久期的固收产品替代部分现金类资产，从而在不影响流动性要求的前提下提高流动性资产的收益。

3. 产品投资策略

产品投资是养老资产配置的实施环节，投资者需根据目前已经储备的养老资产、未来收入和市场情况，选择大额择时、大额分批和小额定投等产品投资策略。

（五）资产配置的定期检视与调整

我们应当定期从上至下多层次（从大类组合到子类组合，再到具体产品）检视养老资产组合的运行情况，看其是否朝着实现养老目标迈进。

1. 养老资产配置的再平衡

资产价格的相对变化可能会导致资产比例大幅偏离养老资产战略配置的目标比例中枢，这时就需要通过再平衡将资产比例调整至目标比例中枢附近。再平衡策略包括固定金额、固定比率和固定期限等策略。

2. 养老资产配置的战略调整

养老资产配置的战略调整是指对养老资产组合的目标比例中枢进行较大调整，调整的主要原因是养老目标（资金短缺风险容忍度、期限、金额和优先级）发生改变，现有资产性质（风险收益特征）发生重大变化，以及可能出现了新的投资资产种类。

3. 养老资产配置的滑动路径

养老资产配置是一个长期过程，权益类资产的比例应随时间推移而逐渐下调，呈现出一条下滑路径。这是因为：一方面，随着投资者年龄和生命周期的变化，投资者风险属性趋于保守；另一方面，随着投资期限的逐渐缩短，权益类资产收益的确定性减弱。

第二节   银行系金融产品

我国居民在金融资产配置中偏好低风险金融产品，银行定期存款、活期存款以及银行理财产品在居民金融资产配置中占据较高比重，因此银行系金融产品往往成为理财师为客户进行理财规划的起点，也是其与客户建立信任的开端。

但是，当前存款利率以及银行理财收益率呈现持续下降的趋势，而养老资产配置具有长期性特征，需重点关注利率下行以及通货膨胀的风险。因此，如何帮助客户合理把控银行系金融产品在养老资产配置中的比例，以及如何实现银行系金融产品向其他产品的转化是理财师工作的重点。此外，银行渠道销售的金融产品具有多样化、全面化和复杂化的特征，理财师应当全面认识各类产品的风险收益特征，帮助客户挑选合适的产品以提升养老资产配置的收益性和稳定性。

2022 年 4 月 8 日，《国务院办公厅关于推动个人养老金发展的意见》发布，开始推进个人养老金账户的建设。个人养老金资金账户可以由参加人在符合规定的商业银行指定或者开立，也可以通过其他符合规定的金融产品销售机构指定。个人养老金实行唯一账户。随后，多家商业银行开始了针对个人养老金账户相关制度和系统的建设。2022 年 9 月 26 日，工商银行作为个人养老金账户的试点机构开始正式接入养老理财管理系统，而招商银行、兴业银行、中信银行等多家股份制商业银行也纷纷上线了"个人养老金"专区，并面向客户开启了关于个人养老金账户的普及介绍和推广活动。

2022 年 11 月 4 日银保监会发布的《商业银行和理财公司个人养老金业务管理暂行办法（征求意见稿）》显示，商业银行个人养老金业务主要包括：（一）资金账户业务；（二）个人养老储蓄业务；（三）个人养老金产品代销业务，包括代销个人养老金理财产品、个人养老金保险产品、个人养老金公募基金产品等，国务院金融监管机构另有规定的除外；（四）个人养老金咨询业务；（五）银保监会规定的其他个人养老金业务。由此可以看出，未来个人养老金业务的开展是商业银行的重点工作，银行专属养老产品也将成为个人养老金投资的重要产品，理财师需要重点关注相关产品的最新动态和特征。

一、银行专属养老产品

（一）特定养老储蓄产品

2022年7月，中国银保监会和人民银行发布《关于开展特定养老储蓄试点工作的通知》，决定自2022年11月20日起开展特定养老储蓄试点，试点期限暂定一年。特定养老储蓄产品按照期限可分为5年、10年、15年和20年的产品，产品利率要求略高于大型银行五年期定期存款的挂牌利率。特定养老储蓄产品丰富了储蓄产品的种类，可以帮助客户锁定一定时期内的存款利率。

《商业银行和理财公司个人养老金业务管理暂行办法（征求意见稿）》显示，开办个人养老金业务的商业银行所发行的储蓄存款（包括特定养老储蓄，不包括其他特定目的储蓄）可纳入个人养老金产品范围，由参加人通过资金账户购买。参加人仅可购买其本人资金账户开户行所发行的储蓄产品。

（二）养老理财产品

养老理财产品是指由理财公司经银保监会批准设计发行的符合居民长期养老需求和生命周期特点的理财产品。养老理财产品实施非母行第三方独立托管，具有长期性、普惠性、稳健性等属性。

1. 试点进程

2022年2月，中国银保监会办公厅发布《关于扩大养老理财产品试点范围的通知》，将养老理财产品试点由之前的"四地四机构"[1]扩大到"十地十机构"：自2022年3月1日起，养老理财产品试点地区扩大至北京、沈阳、长春、上海、武汉、广州、重庆、成都、青岛、深圳十地。养老理财产品试点机构扩大至工银理财有限责任公司、建信理财有限责任公司、交银理财有限责任公司、中银理财有限责任公司、农银理财有限责任公司、中邮理财有限责任公司、光大理财有限责任公司、招银理

---

[1] 《中国银保监会办公厅关于开展养老理财产品试点的通知》：自2021年9月15日起，工银理财有限责任公司在武汉市和成都市，建信理财有限责任公司和招银理财有限责任公司在深圳市，光大理财有限责任公司在青岛市开展养老理财产品试点。试点期限暂定一年。试点阶段，单家试点机构养老理财产品募集资金总规模限制在100亿元人民币以内。

财有限责任公司、兴银理财有限责任公司和信银理财有限责任公司十家理财公司。

截至 2022 年 8 月 10 日，试点规模持续扩大，新发行产品受到市场欢迎，银行理财子公司共发行了 36 款养老理财产品，养老理财产品存续规模达到 600 亿元。

2. 基本特征

养老理财产品具有三个基本特征。

（1）长期性：期限为 5 年及以上。

（2）普惠性：认购门槛低，费用低，让利投资者。

（3）稳健性：风险等级多为 R2 中低风险，业绩比较基准较高，并且设计了分红、提前赎回等机制。

3. 风险收益特征

从目前成立 6 个月以上的养老理财产品业绩表现来看（见表 3-3），养老理财产品整体运行平稳，波动率普遍偏低，年化收益率为 3%～7%，大部分产品并未达到业绩比较基准的下限，各款产品收益差异较大，其中混合类产品收益率优于固定收益类产品。由于养老理财产品成立时间较短，而养老财务规划更加关注长期的收益率，因此养老理财产品的收益表现有待长期追踪。

4. 风险管理机制

养老理财产品更加注重对风险的管理，采用收益平滑基金、风险准备金和减值准备等多种机制防范市场风险、操作风险、信用风险和道德风险。

（1）收益平滑基金：管理人将养老理财产品超过业绩比较基准的超额收益部分，按照一定比例纳入平滑基金并进行专项管理，用于合理平滑养老理财产品收益。在设计细节上，不同理财公司的收益平滑基金存在差异。

（2）风险准备金：管理人按照监管要求从理财产品管理费中，以规定比例提取风险准备金，用于弥补因管理人违法违规、违反理财产品合同约定、操作错误或者技术故障等给理财产品财产或者投资者造成的损失。

（3）减值准备：一般通过预期信用损失方法充分计提减值准备，并且按照投资资产的 0.5% 计算附加风险资本，主要用于增强风险抵御能力，促进业务平稳运行。

表 3-3　成立 6 个月以上的养老理财产品业绩表现（截至 2022 年 8 月 10 日）

发行人	产品名称	投资类型	运作模式	发行日期	业绩比较基准	最新净值日期	最新公布累计净值	净值增长率	净值波动率	年化收益率	最大回撤
招银理财	招睿颐养远稳健五年封闭 1 号固定收益类养老	固定收益类	封闭式	2021.12.06	5.8%～8%	2022.08.05	1.023 0	2.30%	0.54%	3.47%	0.48%
建信理财	安享固收类封闭式养老 2021 年第 1 期	固定收益类	封闭式	2021.12.06	5.8%～8%	2022.08.05	1.031 1	3.11%	0.84%	4.69%	0.49%
工银理财	颐享安泰固定收益类封闭净值型养老（21GS5688）	固定收益类	封闭式	2021.12.06	5%～7%	2022.08.04	1.025 2	2.52%	0.71%	3.82%	0.37%
光大理财	颐享阳光养老理财产品橙 2026 第 1 期	混合类	封闭式	2021.12.06	5.8%	2022.08.02	1.036 7	3.67%	0.67%	5.60%	0.20%
光大理财	颐享阳光养老理财产品橙 2027 第 1 期	混合类	封闭式	2021.12.22	5.8%	2022.07.29	1.037 7	3.77%	0.68%	6.28%	0.32%
建信理财	安享固收类按月定开式养老理财产品（最低持有 5 年）	固定收益类	开放式	2022.01.05	4.8%～7%	2022.08.05	1.018 2	1.82%	0.59%	3.13%	0.13%
建信理财	安享固收类封闭式养老 2022 年第 1 期	固定收益类	封闭式	2022.01.24	5.8%～8%	2022.08.05	1.017 7	1.77%	0.75%	3.35%	0.48%
光大理财	颐享阳光养老理财产品橙 2028	混合类	开放式	2022.01.24	5.8%～8%	2022.08.05	1.035 9	3.59%	1.08%	6.79%	0.36%

5. 常见投资策略

养老理财产品综合运用多种投资策略进行资产管理，目前常见的策略包括目标风险策略、目标日期策略以及 CPPI（Constant Proportion Portfolio Insurance）策略。CPPI 策略又称固定比例组合保险策略，是投资组合保险策略中的一种。

（1）目标风险策略：根据既定的风险目标对投资组合进行目标约束，并根据该风险目标来调整组合中各类资产的配置比例，将整个投资组合维持在相对稳定的市场风险暴露中。

（2）目标日期策略：基于初始权益配置比例，并根据设计的下滑曲线确定权益类资产与非权益类资产的动态配置比例。随着所设定目标日期的临近，将逐步降低权益类资产的配置比例，增加非权益类资产的配置比例，以稳健的股债配比力争实现客户的资产增值。

（3）CPPI 策略：通过动态调整投资组合中风险资产和稳健资产的配置比例，力争投资组合在一段时间以后的价值达到事先设定的某一目标价值，从而实现投资组合稳健增值的目的。

二、开放式理财产品

养老资产的配置同样需要关注资金的流动性，尤其是在客户步入老年阶段之后，需要增加紧急预备金，以覆盖老年疾病和意外带来的必要现金支出。部分开放式理财产品存取灵活，可以作为老龄突发事件的防火墙，以避免因变现其他非流动性资产而产生利息损失。

开放式理财产品根据产品的流动性可以分为现金管理类产品、附带最短持有期条件的开放式产品和定期开放式产品，这为养老资产的管理提供了更多的选择。

（一）现金管理类产品

现金管理类产品是指仅投资于货币市场工具，每个交易日可办理产品份额认购、赎回的商业银行或者理财公司的理财产品。该类产品具有稳健灵活的特征，在开放式理财产品中流动性最高，可以作为紧急预备金，以防范突发风险。

部分客户将大量流动性资金存放于货币基金中，用于日常生活支出，并获取少量的收益，而现金管理类产品与货币基金相比具有一定的收益优势，客户可考虑将扣除日常生活支出的资金存放于现金管理类产品中。

（二）附带最短持有期条件的开放式产品

附带最短持有期条件是指这类产品均设置最短持有期，在这段时间内投资者不能发起产品赎回。满足持有期要求后，投资者可以在每个开放日发起产品赎回。目前存续或在售的理财产品中，最短持有期一般设置为 7 天期、14 天期、1 个月期、3 个月期、6 个月期、1 年期等。

最短持有期产品的流动性低于现金管理类产品，但是在投资范围、集中度和资产投资期限方面，最短持有期产品相比现金管理类产品有更大选择空间，且这类产品的收益一般优于现金管理类产品。因此，客户可将流动性资金投资于最短持有期较短的产品，在满足最短持有期后，它就可替代现金管理类产品作为紧急预备金。

（三）定期开放式产品

定期开放式产品的管理人根据约定的周期（常见的周期为 1 个月、3 个月、6 个月、1 年和 2 年）向投资者开放该产品的申赎功能[1]，投资者每个周期均可在开放日内进行申赎，若投资者未在开放日内赎回，该产品则自动进入下一周期。

定期开放式产品由于只在特定的日期开放申赎功能，因此无法满足紧急资金的需求，并不适合作为养老的紧急预备金，但其周期性开放的特征符合养老资金的储备要求。在养老资产积累期，投资者可通过定投方式进行投资，退休后可以定期支取作为日常生活费用。配置定期开放式产品，可以增加养老资产配置的灵活性和纪律性。

三、定期储蓄类产品

养老资产配置的安全性是大部分客户最为关心的问题，我们将保障本金、收益稳定和具有一定封闭期的产品归类为定期储蓄类产品。银行常见的定期储蓄类产品包括定期存款、储蓄国债、大额存单以及结构性存款等，这些产品可以作为养老资产配置中底层安全的基石。但是，必须要注意的是，当前定期储蓄类产品面临严重

1　每日开放类理财产品归为现金管理类产品。

的利率下行风险，更加适合为 3 ~ 5 年内即将退休或已经退休的老年人提供稳定的资金保障。

（一）定期存款

定期存款是最常见的家庭储蓄方式，且储蓄存单和存折方便老年人记账，对于老年人更加友好。由于短期定期存款的流动性、收益性均低于现金管理类理财产品和货币基金，因此我们不建议用短期定期存款作为养老资产配置的产品，而是可以选取 3 年以上定期存款来储蓄养老资金。虽然中长期定期存款可以锁定一定期间的收益，但是目前存款利率持续下降趋势明显，且收益率较低，难以抵御通货膨胀的风险和老年阶段医疗、护理费用迅速上升的风险。

（二）储蓄国债

国债是由国家发行的债券，是中央政府向投资者出具的、承诺在一定时期支付利息和到期偿还本金的债权债务凭证。国债分为记账式和储蓄式：记账国债可以上市流通，在二级市场买卖；储蓄国债只能在发行期认购，不能上市流通。记账国债需要投资者具有一定的投资经验，储蓄国债更加接近定期存款类产品，受到居民尤其是老年人的欢迎。储蓄国债按记录债权形式分为电子式和凭证式，电子式储蓄国债按年付息，凭证式储蓄国债到期一次性还本付息，期限分为三年期和五年期，利率一般高于相同期限的普通定期存款，提前支取根据持有期限靠档计息，但需要缴纳一定的手续费。但近年来，储蓄国债的利率下降明显，与普通定期存款的利差逐渐缩小（见表 3-4）。

表 3-4 储蓄国债票面利率（2019 年 11 月—2022 年 9 月）

发行月份	储蓄国债 （三年期）	票面利率	储蓄国债 （三年期）	票面利率
2019.11	2019 年第 7 期（凭证式）	4.00%	2019 年第 8 期（凭证式）	4.27%
2020.08	2020 年第 1 期（电子式）	3.80%	2020 年第 2 期（电子式）	3.97%
2020.09	2020 年第 1 期（凭证式）	3.80%	2020 年第 2 期（凭证式）	3.97%
2020.10	2020 年第 3 期（电子式）	3.80%	2020 年第 4 期（电子式）	3.97%

（续表）

发行月份	储蓄国债 （三年期）	票面 利率	储蓄国债 （三年期）	票面 利率
2020.11	2020 年第 3 期（凭证式）	3.80%	2020 年第 4 期（凭证式）	3.97%
2021.03	2021 年第 1 期（凭证式）	3.80%	2021 年第 2 期（凭证式）	3.97%
2021.04	2021 年第 1 期（电子式）	3.80%	2021 年第 2 期（电子式）	3.97%
2021.05	2021 年第 3 期（电子式）	3.80%	2021 年第 4 期（电子式）	3.97%
2021.06	2021 年第 3 期（凭证式）	3.80%	2021 年第 4 期（凭证式）	3.97%
2021.07	2021 年第 5 期（电子式）	3.40%	2021 年第 6 期（电子式）	3.57%
2021.08	2021 年第 7 期（电子式）	3.40%	2021 年第 8 期（电子式）	3.57%
2021.09	2021 年第 5 期（凭证式）	3.40%	2021 年第 6 期（凭证式）	3.57%
2021.10	2021 年第 9 期（电子式）	3.40%	2021 年第 10 期（电子式）	3.57%
2021.11	2021 年第 7 期（凭证式）	3.40%	2021 年第 8 期（凭证式）	3.57%
2022.03	2022 年第 1 期（凭证式）	3.35%	2022 年第 2 期（凭证式）	3.52%
2022.04	2022 年第 1 期（电子式）	3.35%	2022 年第 2 期（电子式）	3.52%
2022.07	2022 年第 3 期（电子式）	3.20%	2022 年第 4 期（电子式）	3.37%
2022.08	2022 年第 5 期（电子式）	3.20%	2022 年第 6 期（电子式）	3.37%
2022.09	2022 年第 3 期（凭证式）	3.05%	2022 年第 4 期（凭证式）	3.22%

资料来源：财政部国债业务公告。

（三）大额存单

大额存单投资门槛较高，通常 20 万元起存，其利率一般高于同期限的普通定期存款和储蓄国债。但大额存单各期限利率下跌明显，跌幅大于普通定期存款，且发行数量和规模下降，额度有限，需要客户进行抢购或预约。

部分大额存单具有可转让功能，这使其流动性高于普通定期存款，可满足卖方临时资金需求，买方也可获得相较于同期限存款的超额收益。

（四）结构性存款

结构性存款是指商业银行吸收的嵌入金融衍生产品的存款，通过与利率、汇率、指数等的波动挂钩或者与某实体的信用情况挂钩，使存款人在承担一定风险的基础上获得相应的收益。

结构性存款存续期内无法赎回或转让，产品期限相对较短，多为一年以下。产品提供本金完全保障，但收益具有不确定性。产品结构复杂，需要投资者具备一定的投资经验。因此，投资者在配置结构性存款时，需认识到其与普通定期存款的差异，重点关注结构性存款在投资中的作用，即其可用于提升短期养老资金的整体收益水平。

四、封闭式理财产品

封闭式理财产品是指有确定到期日，且自产品成立日至终止日期间，产品份额固定不变，投资者不得再进行申购或者提前赎回的理财产品。封闭式理财产品投资期限较长，根据资管新规[1]要求，封闭式理财产品期限不得低于 90 天。封闭式理财产品运行期间规模稳定，有利于提高投资收益，在一定程度上可以满足养老财务规划长期性、稳定性和收益性的需求。

一般来说，封闭式理财产品的业绩比较基准高于开放式理财产品。发行期限越长的理财产品的业绩比较基准越高，固定收益类产品、混合类产品、权益类产品的业绩比较基准依次递增。

五、财富人群专属产品

客户层级越高，所需要的服务越多样。各大银行和其他财富管理机构为了满足高净值客户对资金的不同需求，推出了为财富人群设计的专属产品，丰富了财富人群的投资选择。但在产品收益率提高的同时，投资风险也相应提高，因此理财师在养老资产配置的过程中应关注该类产品的风险特征，根据具体的市场环境、产品设计、投资范围以及客户风险承受能力等向客户推荐合适的产品。

根据发行机构，财富人群专属产品可以分为银行系产品和非银行系产品，银行系产品以私人银行理财产品和私人银行服务为主，非银行系产品包括但不限于信托

1　2018 年 4 月 27 日发布的《人民银行 银保监会 证监会 外汇局关于规范金融机构资产管理业务的指导意见》，简称资管新规。

机构、基金公司、券商、保险公司提供的产品。银行代理是各非银机构私募产品的重要销售渠道，这里我们主要介绍由银行代销的基金专户理财产品、券商资产管理计划与资产管理信托产品。

（一）私人银行理财产品

银行推出的私人银行理财产品通常在购买门槛、产品收益等方面与普通理财产品存在差异，以充分体现私行客户的独特性，其一般具有以下特征：

（1）投资门槛：针对银行的私人银行品牌客户（一般为金融资产达到 600 万元及以上的客户），每款产品的起售金额不固定，部分产品要求投资者为合格投资者[1]。

（2）产品期限：以 1 年以内的短期产品为主。

（3）有少量外币私行产品。

（4）大多属于公募产品，相比非银行系私募产品，投资限制较多。部分产品在设计上具有私募产品的特征，相关的投资限制比普通理财产品宽泛一些。

（二）基金专户理财产品

基金专户理财产品又称基金管理公司独立账户资产管理业务，是基金管理公司向特定对象（主要是机构客户和高端个人客户）提供的个性化财产管理服务。

2009 年 6 月 1 日，中国证监会宣布基金专户理财"一对多"正式实施，这部分也作为银行代销的产品。单个"一对多"账户人数上限为 200 人，每个客户准入门槛不得低于 100 万元，每年至多开放一次，开放期原则上不得超过 5 个工作日。基金专户理财产品由公募基金公司中的专户团队管理，但其准入要求更接近私募基金，投资者要求为合格投资者。

1　合格投资者是指具备相应风险识别能力和风险承担能力，投资于单只资产管理产品不低于一定金额且符合下列条件的自然人和法人或者其他组织：

（1）具有 2 年以上投资经历，且满足以下条件之一：家庭金融净资产不低于 300 万元，家庭金融资产不低于 500 万元，或者近 3 年本人年均收入不低于 40 万元。

（2）最近 1 年末净资产不低于 1 000 万元的法人单位。

（3）金融管理部门视为合格投资者的其他情形。

（三）券商资产管理计划

券商资产管理计划是指证券公司作为资产管理人，依照有关法律法规的规定与客户签订资产管理合同，根据合同约定将所募集资金投资于金融或非金融产品，并将取得的投资收益分配给投资人的一种金融投资工具。

证券公司投研能力强，大类资产配置经验丰富，在权益类产品投资方面具有优势。券商资产管理计划持仓限制少，投资风格更灵活，投资风险偏高，投资者要求为合格投资者。

（四）资产管理信托产品

资产管理信托产品是指信托公司依据信托法律关系，为产品投资者提供投资管理金融服务的自益信托产品。资产管理信托产品可提供个性化、多样化财富管理服务；产品设计灵活，依约定可广泛投资于各类金融工具及实物资产，投资风险偏高，投资者要求为合格投资者。

六、银行系金融产品配置在养老财务规划中的应用

（一）银行系金融产品的配置原则

在养老财务规划过程中，银行系金融产品的配置应遵循以下原则：

（1）充分理解在养老财务规划中，银行系金融产品的配置主要承担了保障流动性和安全性的功能。

（2）充分理解除活期储蓄和现金管理类产品以外，大多数产品存在封闭期内的流动性缺陷。

（3）充分理解理财产品净值化以后的风险自担。

（4）关注利率下行以及通货膨胀风险，合理配置银行系金融产品的比例。

（5）银行系金融产品的配置需要考虑客户年龄，随着客户年龄的增长可增加银行系金融产品的配置比例。

（6）银行系金融产品的配置需要考虑客户退休后的现金流情况。

（二）银行系金融产品在实务中的配置方法

银行系金融产品尤其是理财产品种类众多，如何为客户配置合适的产品以及确定产品的合适比例是银行系金融产品配置的重点和难点。不同财富量级、不同生命周期的客户对资金的收益性、流动性和风险的要求不同，理财师应通过不同产品的配置匹配客户的需求。

一般而言，大众人群在退休前将大部分资金用于家庭其他目标，养老储备资产少，且收入来源以工作收入为主，退休后收入明显下降使资金缺口更早地显现出来，因此其应该更注重养老资产的流动性；中产人群的养老财务规划一般开始较早，退休后除养老金外还有其他投资性收入或者专业性收入，养老的主要痛点是维持退休之前的生活水平，因此养老资产配置应该注重提高资产的收益性；财富人群资金充足，退休后有大量投资性收入，应更加注重资产的保值和安排。从客户所处的生命周期来看，随着年龄的增长，客户需要更加关注养老资产的安全性和流动性。

1. 基于流动性的产品配置选择

适合作为养老紧急备用金的银行系金融产品包括现金管理类产品、最短持有期产品（封闭期 3 个月以内）与短期结构性存款。适合作为养老储蓄金的产品包括定期开放式产品、大额存单（可转让）、定期存款、储蓄国债、封闭式理财产品和基金专户理财产品、券商资产管理计划以及资产管理信托产品。从流动性出发，根据客户不同的财富等级，仅针对银行系金融产品，理财师可参考表 3–5 提供的比例为客户进行配置。

表 3–5　不同财富等级客户银行系金融产品配置建议

产品种类	大众家庭	中产家庭	财富家庭
活期类产品	40%	20% ~ 30%	20% 以内
3 个月以上开放式理财产品	40% ~ 50%	40% ~ 50%	50% ~ 70%
3 年以上长期产品	10% ~ 20%	20% ~ 40%	30% 以上

2. 基于收益和风险的产品配置选择

可以保障本金的银行系金融产品包括定期存款、大额存单、储蓄国债和结构性存款；可以用于提升银行系金融产品配置整体收益的产品包括银行及其子公司发行的理财产品以及银行代销的基金专户理财产品、券商资产管理计划和资产管理信托产品等。根据投资的底层资产不同，理财产品可以分为固定收益类理财产品、混合类理财产品与权益类理财产品，投资的收益和风险逐渐上升。客户按风险属性可分为保守型、稳健型、平衡型、积极型和进取型，理财师可根据客户客观风险承受能力和主观风险容忍度综合评价客户的风险属性，从而匹配合适的产品。

第三节   基金系金融产品

养老专属资金的可投资期限通常较长，如果对该专项资金的安全性和收益性存在较高要求，投资者可以运用适合的基金产品或基金组合，在承担适度风险的情况下，实现较优的基金投资回报业绩，为老年生活的现金流提供支撑。

在对养老储备资产进行基金产品配置时，需构建基金产品的组合。通过合理配置基金产品的比例，确定该基金组合自身的收益和风险水平，并通过配置该基金组合平衡整体养老储备资产的收益和风险。如何选择基金产品呢？首先，我们可以关注养老专属基金产品。

一、养老专属基金产品

养老目标基金以实现养老资产的长期稳健增值为目标。根据证监会 2018 年 2 月发布的《养老目标证券投资基金指引（试行）》，养老目标基金是指以追求养老资产的长期稳健增值为目的，鼓励投资人长期持有，采用成熟的资产配置策略，合理控制投资组合波动风险的公开募集证券投资基金。养老目标基金应当采用基金中基金形式或中国证监会认可的其他形式运作。

（一）养老目标日期基金

不同年龄阶段的投资者通常会有不同的投资特征，年轻时期抗风险能力相对晚年较强，也相对更关注投资收益水平，而晚年相对更关注投资收益稳健性。养老目标日期基金产品，是将投资者退休时点作为目标日期而建立的养老专属投资工具。距离目标日期越远，权益类资产的配置比例应相对越高。随着距目标日期长度的缩短，权益类资产的配置比例应下降，并自临近目标日期的年份开始维持在较低水平。

投资者根据自身的退休年龄，选择合适的养老目标日期基金产品。基金经理会随着时间的推移调整底层资产配置比例，使组合的风险随着投资者年龄的增长趋向保守。

除了目标日期，在进行养老目标日期基金产品选择时，投资者还需要关注产品的最短持有期，目前最短持有期有一年、三年和五年。限定投资者最短持有期，是为了鼓励个人投资者进行长期投资。最短持有期越长，投资股票、股票型基金、混合型基金和商品基金等品种的比例合计原则上越高，潜在期望收益也相对越高。

由于养老目标日期基金越靠近目标时点，权益类资产的配置比例会有所下降，使得可以获得的潜在收益上限下降，同时风险也会下降，因此越年轻的时候投资养老目标日期基金，期望收益越高，越有利于养老资产的积累。对比两种投资情况：第一种等额进行投资，每隔五年投资 50 万元；第二种每隔五年投资一次，投资金额渐增，即第一期投入 20 万元，第二期投入 40 万元，第三期投入 50 万元，第四期投入 60 万元，第五期投入 80 万元。这两种情况的总投资金额均为 250 万元。按照 2045 年目标日期收益率进行计算，第一种情况的资产收益会高于第二种情况的资产收益。

（二）养老目标风险基金

根据风险水平，养老目标风险基金可以划分为稳健型、平衡型、积极型等类别。养老目标风险基金旨在为投资者提供风险水平相对固定的基金产品，以便投资者根据自身风险偏好选择合适的基金产品作为养老专项资金的配置产品之一。目标风险水平越低，权益类资产配置比例相对越低，平均收益水平相对越低，同时风险和收益波动也相对较低。当权益类资产配置比例较高时，产品风险也会随之升高，潜在期望收益水平上升，但实际实现的收益可能因为风险的增加而降低。

投资者在选择养老目标风险基金产品时，也需要关注最短持有期。《养老目标证券投资基金指引（试行）》显示，最短持有期不短于 1 年、3 年或 5 年的，投资股票、股票型基金、混合型基金和商品基金等品种的比例合计原则上不超过 30%、60%、80%。风险性资产配置比例越高，潜在期望收益也相对越高。

二、公募基金产品

目前养老专属基金产品仍处于发展阶段，在售产品相对较少。如果当前在售的养老专属基金产品不能满足投资者的养老需求，投资者就可以关注其他基金产品的组合。在进行基金产品组合构建时，需要先对基金产品的类型进行划分，再关注不同类型基金产品的风险收益属性特征。

按照基金的募集方式，基金产品可以划分为公募基金产品和私募基金产品。公募基金产品是面向公众进行发售的基金产品，投资门槛较低，且产品规模较大，适合广大中小投资者。相比后续介绍的私募基金产品，公募基金产品具有相对较高的流动性和相对完整的风控制度，但在投资品种、投资比例、持仓策略等方面有相对严格的限制。私募基金产品是以非公开的方式向特定对象进行发售的基金产品，在投资者的投资金额和金融资产金额等方面设置要求，投资门槛高。相对公募基金产品，私募基金产品在投资品种选择、持仓调整等方面相对灵活，可以通过协议进行约定。将基金产品作为投资工具的大众家庭可优先关注公募基金产品。

（一）基金分类

如果按照底层资产和资产配置比例进行划分，公募基金产品可以划分为货币基金、债券型基金、股票型基金和混合型基金等。其中，货币基金是指以银行定期存单、政府短期债券、同业存款等短期货币工具为主要投资对象的基金；债券型基金是指投资于债券的比例占基金资产80%以上的基金；股票型基金是指投资于股票的比例占基金资产80%以上的基金；混合型基金是指投资于股票、债券和货币工具，但是投资于股票和债券的比例不满足股票型基金和债券型基金要求的基金。

由于底层资产配置不同，不同类型基金的风险收益属性各不相同。权益类资产的增加会提升基金产品的潜在期望收益，但波动率也会随之增加，并且增加的风险可能没有相匹配的收益进行弥补。

（二）债券型基金

按照运行方式，债券型公募基金产品可以分为封闭式债券基金和开放式债券基金。封闭式债券基金的份额在封闭期内不发生变化，开放式债券基金的份额可以变动。由于运作形式不同，开放式债券基金的波动率相对显著。

按照风险投资比例，可以将债券型基金产品分为长期纯债、中短期纯债、混合一级和混合二级。其中，长期纯债是指不直接参与二级市场股票投资，且未明确限定债券投资期限的基金产品；中短期纯债是指不直接参与二级市场股票投资，合同中约定 80% 以上的基金资产投资于 3 年以内债券的基金；混合型基金产品可以参与可转债投资（混合一级）或二级股票市场投资（混合二级）。2017—2022 年的回测数据显示，长期债券型基金可通过承担相对较低的风险来获得一定水平的超额收益。

（三）股票型基金

按照基金经理主动管理的程度，公募股票型基金可以分为普通股票型基金、指数增强基金和被动指数基金。相对于普通股票型基金，指数增强基金和被动指数基金的风险控制较强，产品的波动率相对较低。2017 年 8 月至 2022 年 8 月的产品投资回报数据显示，由于指数增强基金的基金经理在被动复制指数的基础上，增加了少量主动管理行为，使得指数增强基金在观测期间，相较被动指数基金具备较低的波动和较优的收益。

按照底层权益资产的成长性，可以将权益型公募基金产品分为价值型和成长型。由于底层资产成长性较高，成长型基金产品的波动率相对略高于价值型基金产品，在某些年份可以获得相对显著的超额收益。

近五年，没有出现收益和波动率指标一直维持领先状态的行业，但消费行业呈现相对稳健的收益。医药行业可以贡献最高的收益，但是也可能出现相对显著的回撤，这一现象表明追求高收益通常需要承担高风险。

（四）混合型基金

根据配置策略，混合型基金产品可以分为灵活混合型基金产品、平衡混合型基金产品和保守混合型基金产品。其中，灵活混合型基金产品可以在股票和债券大类资产之间以任意比例灵活配置，持有股票的比例为 0 ~ 95%；平衡混合型基金产品在股票和债券大类资产之间的投资比例相对均衡，有一定的限制，持有股票的比例为 40% ~ 60%，持有债券的比例为 40% ~ 60%；保守混合型基金产品是可以投资于股票、债券以及货币工具的基金，且不符合股票型基金和债券型基金的分类标准，其固定收益类资产占资产净值的比例大于等于 50%。根据底层资产配置比例范围，灵活混合型基金产品的波动率相对较高，保守混合型基金产品的波动率相对较低。但2017年8月至2022年8月的产品投资回报数据显示，在上述三种混合型基金产品中，平衡混合型基金产品的波动率相对较高，保守混合型基金产品的波动率相对较低。

承担高波动的初衷是期望获得更高的超额收益。根据2017—2022年的历史数据分析，保守混合型基金产品的风险收益属性可与保守型风险偏好相匹配，平衡混合型基金产品通过承担较高的风险来追求较高的收益。

三、私募基金产品

私募基金产品可以分为私募证券基金、私募股权基金和私募创投基金等类型。其中私募证券基金为主要投资于公开交易的股份有限公司股票、债券、期货、期权、基金份额以及中国证监会规定的其他证券衍生品种的基金。按照投资类型，私募证券基金可以分为权益型私募基金、非权益型私募基金和跨资产私募基金。

（一）权益型私募基金

权益型私募基金的策略包括股票多头策略、股票中性策略、股票多空策略、事件驱动策略等。股票多头基金即布局于股票市场且无对冲或空头头寸的私募基金产品。与公募基金中的股票型基金不同的是，股票多头基金可以布局于股票市场，也可以在市场行情不好的情况下选择空仓操作或者购买货币基金和债券来进行择时。股票中性基金即股票对冲基金，该基金使用对冲手段对冲基金所持有的股票多头，试图在降低风险水平的情况下，获取超额收益。股票多空基金即同时做多一部分股票、做空一部分股票的私募基金。股票多空策略一般通过做多具有出色回报特征的股票，并做空前景不佳的股票，来获取价值低估资产上涨的回报和价值高估资产下跌的收益。股票多空策略要求基金经理同时具备做多和做空的能力，但也为基金经理提供了更大的灵活性。事件驱动策略关注公司并购、重组、财务危机等事件的发生。事件驱动策略属于主题投资的一种，例如正在经历或即将经历定向增发或并购重组事件的公司权益类金融工具。根据2017—2022年产品投资回报数据分析，该策略产品的波动率明显较高，但其与沪深300指数的相关性较低。

（二）非权益型私募基金

非权益型私募基金是指布局债券、期货等非权益类金融工具的私募基金，按照投资策略可以分为债券策略和管理期货策略等。其中债券策略是指投资于债券的策略，包括纯债策略、债券增强策略等。纯债策略的主要收益源于底层债券资产的票息收入和资本利得；债券增强策略的收益源于在债券资产的票息收入和资本利得的基础上，增加可转债、类固收等投资工具所产生的收益。管理期货策略是指布局于期货、期权市场的策略（显著优于债券策略）。根据 2017 年 8 月至 2022 年 8 月的产品投资回报数据分析，相比债券策略，管理期货策略在承担较高风险的同时，可有较高的平均投资回报水平。

（三）跨资产私募基金

跨资产私募基金是指布局于多类资产，例如商品、ETF（交易型开放式指数基金）等工具的私募基金，按照投资策略可以分为宏观策略、相对价值策略、FOF（基金中的基金）策略。其中宏观策略是指使用大类资产配置，通过对经济周期的判断来选择合适的资产进行配置。相对价值策略是指买入被低估的资产，卖空被高估的资产，从而进行套利的策略。FOF 策略是指布局于基金产品的私募基金策略。

四、公募和私募产品的对比

对于股票型基金产品，我们可先比较股票多头策略私募基金和普通股票型公募基金对应的产品收益、风险和夏普比率。根据 2017 年 8 月至 2020 年 8 月的产品投资回报数据分析，公募和私募基金产品均没有表现出明显的优势。同样，在比较公募和私募基金中的指数增强产品时，也没有哪类产品表现出明显优势。但是私募基金的收益分布相对分散，存在极端数值，例如头部的股票多头策略可能会出现超过 10 倍的投资回报。

在权益类私募基金中，除了股票多头策略，我们还可以关注股票多空策略和股票中性策略。引入空头操作的私募基金，在近五个年份中表现出降低风险并增加风险溢价的可能。但是引入空头操作，也可能会引入杠杆所伴随的极端风险。财富人群在配置权益型基金产品时，可以关注股票多空策略私募基金产品。

相比债券型公募基金产品，私募基金的债券策略承担了过多的风险，但在近五年中，产品的收益没有表现出显著的优势。投资者在配置债券型基金产品时，可关注债券型公募基金产品。

在跨资产类基金产品中，根据 2017 年 8 月至 2022 年 8 月的产品投资回报数据分析，相对价值策略私募基金产品和灵活混合型公募基金产品各有特色。相对价值策略私募基金产品在控制风险的同时，仍可在某些年份获得相对较高的收益，但在某些年份也可能出现较大损失。根据夏普比率，灵活混合型公募基金产品的表现相对稳定。投资者在配置跨资产类基金产品时，可以关注公募基金中的灵活混合型基金产品；财富人群可以同时考虑相对价值策略私募基金产品。

第四节   保险系金融产品

保险作为金融工具，在人生财务规划中具有风险保障、储蓄理财、财富传承、税务优化等多种功能。在养老财务规划中，商业保险的主要作用体现为健康意外保障、养老金规划，次要作用体现为保单权益规划、康养资源链接。

健康意外保障类商业保险可以衔接国家健康保障体系，是运用风险精算技术与互助共济机制，转移个人、家庭因意外、健康所致财务损失风险的唯一工具。

风险精算可以理解为对某一群体发生风险概率和损失的衡量。互助共济机制的运作思路是成立"共同保险基金"，每人分摊一部分保费，用于最终出险时的个体大额支出。对于个体而言，保单有将风险化集中为分散、化大为小、化不确定（的支出）为确定（的保费）的作用。如图 3-2 所示，健康意外保障类商业保险可以帮助个人和家庭熨平收支曲线的波动，从而防止生活被大幅改变。

养老金规划类商业保险衔接的则是国家养老金体系。在养老金规划类商业保险中，商业养老保险可以实现终身、安全稳健、约束式的领取，即在养老期创造"终身被动收入"。由于长寿风险对个体而言也存在不确定性，因此商业养老保险同时在转移长寿风险、降低长寿带来的道德风险等方面具备独特性（见图 3-3）。

除此之外，配置商业养老保险在养老中还有如下作用：

保险合同中存在多个主体，合理设计保单结构，可实现为本人或家人养老等多重规划目的。

通过保险配置衔接康养行业，即通过"保险＋健康管理""保险＋养老资源"模式，在风险保障、长线储备的基础上，提供不同层次医疗、护理资源获取权，实现"金融＋康养服务"的综合解决方案。

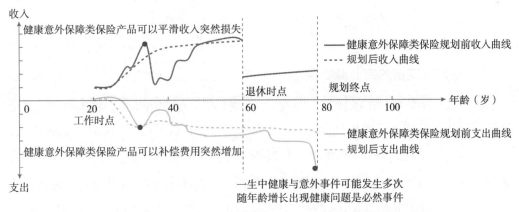

图 3-2　健康意外保障类商业保险在风险来临时对于收支曲线的熨平效应

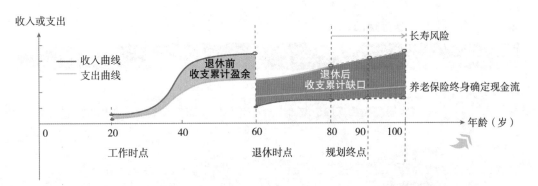

图 3-3　商业养老保险可以创造"终身被动收入"，减少养老期的收支缺口

在学习本部分内容时，理财师还应思考：不同财富量级群体为养老配置的保险产品、产品额度、产品组合具有何种差异？如何发掘差异化需求，为大众、中产、财富家庭在养老中量身定制保险方案？如何使保险配置在养老的整体理财规划中成为行之有效的一部分？这是我们在现在和未来期望与财富管理行业的有识之士持续研讨的话题。

一、政策支持的商业保险

我国国民的基本保障是国家立法建立的社会保险。社会保险的定位是保基本，商业保险作为补充与社会保险共同构成了全方位的社会风险保障网络。

从是否有相关政策支持的角度区分，商业保险可分为政策支持的商业保险和个人商业保险。从养老财务规划角度区分，政策支持的商业保险分为政策支持的商业健康保险和政策支持的商业养老保险。

（一）政策支持的商业健康保险

在我国多层次医疗保障体系（见表 3-6）中，托底层的医疗救助和主体层的基本医疗保险主要解决"保基本"的问题，存在如下限制：报销范围的限制（医保药品、诊疗、服务设施三目录）；起付线和封顶线的限制；报销比例的限制。在补充层中，大病保险、医疗补助的作用是在基本医保范围内补充大额医疗费用；商业健康保险的作用是进一步补足医保报销缺口，为医保不能覆盖费用（医保外医疗费用与资源、康复、护理费用、收入损失等）融资。

表 3-6　我国多层次医疗保障体系

层级	主要内容
补充层	政策支持的商业健康保险、个人商业健康保险
	城乡居民大病保险、其他补充医疗保险（职工大额医疗费用补助、公务员医疗补助等）
主体层	职工基本医疗保险、城乡居民基本医疗保险
托底层	医疗救助

政策支持的商业健康保险主要有个人税收优惠型健康保险（下文简称"税优健康险"）与城市定制型商业医疗保险（下文简称"惠民保"）。

1. 税优健康险

税优健康险是我国第一个通过税收优惠政策制定的专属健康险，在 2016 年试点后推广到全国。税优健康险的产品设计包含个人账户积累和医疗保障责任两项。

税优健康险每人每年最低保费为 2 400 元（每人每月有 200 元的可在工资收入税前列支的税收优惠额度），保费扣除医疗保障成本后，形成个人账户的积累，个人账户需设计保底利率（一般为 2.5% 或 3%）。

在医疗保障责任中，税优健康险承保被保险人在基本医保定点机构普通部可能产生的大额医疗费用（住院医疗费用及住院前 7 天后 30 天门诊医疗费用、重大疾病门诊医疗费用）以及慢性病门诊费用。税优健康险根据健康人群（标准体）和非健康（既往症）人群差异承保，既往症人群的各项保障保额低于标准体人群。以某款税优健康险为例，标准体的住院及前后门诊费用年度限额为 25 万元，既往症人群的该项保障年度限额为 4 万元。

税优健康险的保障特点是：可报销医保目录外费用，带病体可保可赔，零起付线（也可称为零免赔额），零等待期（商业健康险往往会设置等待期以防止逆选择），保证续保至退休（最多至 75 岁）。其中保证续保的含义是不因被保险人在保险期内患病或产品停售而中断保障，仍可以按照投保时约定费率续保。

商业医疗保险的保费均采用自然保费形式，税优健康险的医疗保障保费随着年龄的增长而增加。以前款税优健康险为例，35 岁有企业补充医疗的年保费是 1 100 元左右，续保至 55 岁的年保费为 4 200 元左右，续保至 75 岁的年保费为 11 000 元左右。

目前我国税优健康险发展不及预期，主要的原因有：第一，税收优惠额度偏低；第二，涉及税收抵扣流程，在操作层面较为烦琐；第三，在商业医疗保险的发展中，税优健康险的医疗保障责任属于"早期设计"。后期个人商业医疗保险中的"百万医疗险"在税优健康险医疗保障责任基础上，通过设定 1 万元免赔额的方式，降低保费负担，提升社保外报销比例和保额，对投保人更具吸引力，成为市场上的主流产品，之后市场产品创新也围绕着百万医疗险展开。

2. 惠民保

惠民保的政策由各地政府差异化制定，2015 年，在深圳由医保局牵头推出首款惠民保产品。在发展中，惠民保存在政府主导、政府参与、纯市场化运作等不同模式，而非全国统一。2020 年，惠民保各地开花，甚至出现同一城市多款惠民保的盛况。2021 年，中国银保监会发布《关于规范保险公司城市定制型商业医疗保险业务的通知》，在概念上将各地的惠民保界定为城市定制型商业医疗保险。

惠民保的发展，与个人商业医疗险中的百万医疗险也存在关联：从产品发展上看，先有百万医疗险，后有惠民保；从产品责任上看，惠民保在百万医疗险基础上，再做"减法",一般仅保障社保内费用及社保外特定药品,同时将主流产品的免赔额提升至 2 万元以上,报销比例多为 50%~80%。这样惠民保可以做到更低的投保门槛与保费(一般仅为百元左右),吸引大量群体同时参保,从而将其纳入无法投保任何商业医疗保险的人群。对于健康人群,惠民保的获赔率较低。

目前,惠民保在我国的发展仍处于探索期。部分城市推出了可以用个人医保账户余额投保特定惠民保产品的政策,但也存在诸多不确定性,比如在产品经营中出现"死亡螺旋":惠民保大多为 1 年期产品,健康人群参保后,因获赔率低而可能在续保时"脱落",长此以往"保费池子"中仅余非健康人群,从而影响产品的经营存续。从养老长期规划的角度来看,医疗保险的可续保性和可持续性,应当是理财师在为客户配置商业医疗保险时十分关注的要素。

(二)政策支持的商业养老保险

目前我国的三支柱养老体系如表 3-7 所示。

表 3-7   我国三支柱养老体系

支柱	内容	账户
第三支柱	非保险养老金融产品(银行理财、基金、储蓄)	个人账户
	政策支持的商业养老保险,个人商业养老保险,其他储蓄型商业保险	
第二支柱	企业年金、职业年金	个人账户
第一支柱	城镇职工基本养老保险、城乡居民基本养老保险	统筹账户 + 个人账户

第一支柱基本养老保险由国家制定实施,形成统筹账户和个人账户;第二支柱企业年金、职业年金由用人单位及其职工建立、共同缴费,形成个人账户;第三支柱个人养老金由个人自愿参加、个人缴费,探索个人账户的建立。从产品角度而言,第三支柱个人养老金涉及的产品可以划分为保险系金融产品和非保险养老金融产品。保险系金融产品又可分为政策支持的商业养老保险与非政策支持的个人商业养老保险、储蓄型商业保险。

政策支持的商业养老保险,目前主要有个人税收递延型商业养老保险(下文简称"税延养老险"）与专属商业养老保险（下文简称"专属商业养老险"）。

1. 税延养老险

税延养老险是我国第一个通过税收优惠政策制定的专属养老险。2018 年，税延养老险在上海市、福建省、苏州工业园区开展试点。"税延"的含义是在养老保险的投保和持有环节不征税，而延至领取期征税，参考了国际上养老金征税的"EET"模式（见表 3-8）。

表 3-8　某款税延养老险产品示例

环节	税收设置	保障内容
缴费	计算个人所得税时，税前扣除：MIN（工资的 6%，每月 1 000 元）	账户积累（可转换不同公司同类产品） 选择 1：保底型（保证结算利率 3.5%） 选择 2：保底（2.5%）+ 浮动收益 选择 3：浮动收益型
持有	投资收益，不征收个税	
领取	25% 部分免税，75% 部分按 10% 的比例计算个税，计入其他所得	达到退休年龄，根据年金转换表领取养老金 选择 1：保证金额（账户价值）领取，未领完给身故受益人（下同） 选择 2：保证期间（15 年、20 年或 30 年）领取

税延养老险在积累期采用账户设计，透明化程度较高，为投保人提供从纯保底到纯浮动的账户投资选择。需要注意的是，作为政策支持的商业养老保险产品，税延养老险的退出机制较一般商业保险严格，除非被保险人身故、全残或重疾，否则不可退保；在达到退休年龄后，养老金有保证金额和保证期间两种领取选择。

目前我国税延养老险的试点效果远低于预期。与税优健康险类似，税延养老险的推广难度也在于税优政策缺乏吸引力及相对烦琐的流程。2022 年，税延养老险在缴费环节的税收政策调节为："按照 12 000 元 / 年的限额标准，在综合所得或经营所得中据实扣除。"在领取环节的税优额度进一步调节为："不并入综合所得，单独按照 3% 的税率计算缴纳个人所得税，其缴纳的税款计入工资、薪金所得项目。"

2. 专属商业养老险

专属商业养老险，是在丰富养老金第三支柱产品背景下推出的政策支持的商业养老保险。2021 年，银保监会发布《关于开展专属商业养老保险试点的通知》，在浙江省和重庆市试点，主要关注新产业、新业态从业人员和各种灵活就业人员的养老需求。

与税延养老险类似，专属商业养老险也在积累期采用账户设计，差异是专属商业养老险在积累期均有保底收益，同时在缴费、退保、领取上较税延养老险灵活（见表 3-9）。2022 年，因试点效果较好，专属商业养老险的试点范围扩大至全国。

表 3-9 某款专属商业养老险产品示例

环节	保障内容	注意事项
积累期	账户积累（可设比例，如 40% 稳健 + 60% 进取） 组合 1：稳健型投资组合（保底 2.85% + 浮动） 组合 2：进取型投资组合（保底 0.5% + 浮动）	可退保
领取期	60～85 岁期间任意起点，可根据年金转换表领取 选择 1：保证金额领取 选择 2：保证期间领取	仅 1～3 级伤残或重疾可以退保

社保体系是国民健康、养老保障的基础，政策支持的商业保险、个人商业保险起补充作用，满足更多需求。

在模式上，政策支持的商业保险多由政府主导或组织，由商业保险公司承办或经办；在探索上，政策支持的商业保险往往参考相关的国际经验，运用税收政策、账户制等方式设计相关保险；在目标上，政策支持的商业健康险主要考虑产品的普惠性，政策支持的商业养老险主要负责引导个人养老金账户的建立。

在实务中，理财师为客户所配置的产品主要为个人商业保险，因为个人商业保险产品及其组合可以满足更多大众、中产、财富家庭差异化、个性化的养老需求。通过学习本部分内容，理财师可以加深对于我国医疗、养老保障体系的理解，并通过了解、解读政策支持的商业保险，为进一步发掘客户在养老中配置保险的理念，以及合理运用个人商业保险产品进行配置打下基础。

二、个人商业保险产品

在养老配置中，个人商业保险产品可以分为健康意外保障类产品与养老金规划类产品，其中：健康意外保障类产品包含个人商业健康险、意外伤害保险；养老金规划类产品包含个人商业养老保险、其他储蓄型商业保险。

（一）个人商业健康险

根据我国《健康保险管理办法》对商业健康险的分类，商业健康险可分为医疗保险、疾病保险、失能收入损失保险、护理保险、医疗意外保险。近年来，在实际运行中，医疗保险加疾病保险的保费占健康险总保费的 98% 以上，也就是说，医疗保险和疾病保险是理财师为客户配置的个人商业健康险的主要产品。下文我们主要介绍医疗保险与疾病保险。

1. 个人商业医疗保险的保障与规划

目前我国主要的个人商业医疗保险是百万医疗险及高端医疗险。个人商业医疗保险的给付类型以报销型为主，保障责任以住院医疗费用支出为核心，保障期限逐渐向长期发展。

（1）百万医疗险

百万医疗险创建于 2015 年，目前可分为针对健康人群（标准体）的百万医疗险，以及针对非健康人群（非标体）的百万医疗险。百万医疗险可从保障项目、不保事项、保险金计算、保障期限及费率四个方面进行分析。

标准体的百万医疗险。标准体的百万医疗险主要保障健康人群在公立医院范围内，对社保内外大额医疗费用可能支出的报销。以某款百万医疗险的保障项目为例，其包含：住院医疗费用保险金；住院前 30 日及后 30 日的门诊急诊费用；特殊门诊医疗。不保事项分为三类：第一，疾病相关不保事项，比如既往症、精神疾病、生育等；第二，治疗相关不保事项，比如康复治疗、整形等；第三，费用相关不保事项，比如院外购药等。百万医疗保险金的计算公式：

医疗保险金 =（责任范围内医疗费用 − 免赔额）× 报销比例

以前款百万医疗险为例，年度免赔额为 1 万元（社保不可抵扣免赔额）；以社保或非社保身份投保的报销比例为 100%；以社保身份投保，但结算时未用社保的，报销比例为 60%。

百万医疗险的保障期限及费率：首次投保有 90～180 天的等待期（因意外医疗，续保时无等待期）；在续保时，市场上的百万医疗险存在不保证续保的 1 年期产品，也存在保证续保的长期产品（目前最多为 20 年）。值得注意的是，2020 年银保监会在《关于长期医疗保险产品费率调整有关问题的通知》中提出，保证续保的长期医疗保险，可以允许在一定规则内，对原保险费率表进行调整。前款百万医疗险是 20 年保证续保的产品，以其 2020 年的费率表为例，35 岁有社保的男性年保费是 400 元左右，续保至 55 岁年保费为 1 800 元左右。

非标体的百万医疗险。对健康状况欠佳的群体（亚健康人群、老年人），保险公司在百万医疗险基础上进行了差异化设计，设计思路分为两类：第一，产品保障范围不变，降低赔付比例，根据不同慢病（三高、肝脏疾病等）差异化承保，如慢病版百万医疗险；第二，产品保障范围缩小，仅保障癌症、重大疾病医疗费用，如防癌版百万医疗险、老人专属百万医疗险。这些产品仍具备免赔额为 1 万元的特征，但除防癌版百万医疗险可以保证续保至终身外，其余多为 1 年期产品。

（2）高端医疗险

高端医疗险其实在 2005 年就已经进入中国内地，最初作为外企给外籍高管的福利，现今为中产、财富人士所用。相较于一般商业医疗险，高端医疗险在保障方面有如下升级：

第一，地理范围升级：可选择亚洲甚至全球保障计划。

第二，就医机构升级：可选择公立医院特需、国际部、私立医疗机构就诊。

第三，保障内容升级：总保额可达千万元以上，医疗保障项目更广，基础保障包含住院前后门诊及日间护理费用、住院津贴、特殊门诊、意外门诊紧急治疗、异地就医交通补贴等，在此基础上可扩展至一般门诊保障、福利项目保障（如中医、疫苗、生育、牙科等）。

第四，不保事项扩展：免赔额可以为 0，不设等待期，可在一定规则下承保既往症。

第五，衔接高端服务：预约专家、床位、国际二次诊疗等。

高端医疗险的主要投保人群包括：现在或未来有特定就医需求（如长期跨国出差、关注海外孕产及服务）的人群；中产或财富自由者，追求高品质医疗，在三甲特需、私立医院有就诊习惯的人群；企业主、高管、核心骨干及其家属，以企业团体为单位投保员工福利计划的人群。

高端医疗险的保障期限及费率：不保证续保，费率每年亦会根据经营情况调整，保障范围在中国的保费为几万元左右，保障范围在全球的保费可能高达10万元以上，但因其服务人群需求稳定，目前产品持续性较好。

（3）个人商业医疗保险规划中的注意事项

第一，基于已有医疗保障规划个人商业医疗保险：多份报销型医疗保险的费用补偿总和，不能超过实际治疗花费（"损失补偿原则"），在实务中一般是先由社保报销，再由商业医疗保险报销。

第二，基于健康、财富情况规划个人商业医疗保险：标准体与慢病、老人群体的产品选择不同，不同财富等级家庭的产品选择不同。

第三，在养老规划中应注重医疗保险的长期性、稳定性：目前，市场上的百万医疗险最长保证续保20年，防癌医疗险最长保证续保终身。

第四，报销型医疗保险应与给付型险种组合（如疾病保险）。

2. 疾病保险的保障与规划

我国的疾病保险以重大疾病保险（下文简称"重疾险"）为主要产品，其他疾病保险主要是特定人群的疾病保险。

重疾险在1995年作为寿险产品的附加险进入中国内地市场，目前已经发展成一个独立的成熟险种。重疾险的主要特点有：条款列举疾病，并约定疾病定义（约定疾病、疾病状态或手术）；符合疾病定义，每次按约定金额一次性给付保险金，不考虑疾病实际支出；采用均衡保费形式，可以定期缴费（如20年），保障期限为定期或终身。

（1）重疾险中重大疾病的界定

为避免理赔纠纷，我国于2007年采用重疾险标准定义，彼时为世界上第四个采用重疾险标准定义的地区，并于2020年再次修订。《重大疾病保险的疾病定义使用规范》（下称《规范》）规定，只要产品名称为重疾险，必须包含6种核心重度疾病（含恶性肿瘤——重度、较重急性心肌梗死、严重脑中风后遗症——永久性的功能障碍等），其余22种重度疾病和3种轻度疾病（恶性肿瘤——轻度、较轻急性心肌梗死、轻度脑中风后遗症——永久性的功能障碍）在选用时疾病条款需与《规范》一致。

（2）重疾险与医疗保险的区别与联系

有了医疗保险，为什么还需要重疾险？事实上，罹患重大疾病，医疗、手术费用等直接支出只是冰山一角，从家庭财务规划的角度还需考虑重疾后出院的疗养开支，家庭经济支柱因重疾造成的收入损失，先支付费用时变卖资产的损失，家人因照顾重疾成员的收入损失或雇人护理的费用，等等。这些直接、间接的支出增加和收入减少可以通过重疾险的给付金来覆盖。表3-10总结了商业医疗保险与重疾险的联系与区别。

表3-10   商业医疗保险与重疾险的比较

项目	商业医疗保险	重疾险
投保要求	健康要求相对高	健康要求相较医疗险低
赔付方式	报销型：在保障金额内，实报实销。保险期内可多次报销，但存在免赔额、报销比例、报销天数等限制，多份医疗保险报销不能超过实际花费	给付型：符合疾病定义，给付约定金额。保险期内可多次给付，但存在规则限制，多份重疾险可以叠加赔付
保障范围	保障范围较广，涵盖住院、手术等医疗行为	列举的轻度、重度疾病，以疾病、疾病状态或手术定义，还包含身故保障、保费豁免等其他责任
保障期限	一般为短期，保证续保产品较少	大多为长期或终身，每年保费固定不变
保障功能	报销医疗费用	重疾险赔付的保险金可以用作补偿医疗护理、康复费用，在收入损失补偿方面具备不可替代性

（3）重疾险的保障分析

重疾险的三大保障模块为疾病保障、身故保障、豁免保障。

理财师应理解重疾险的关键是疾病保障，而《规范》定义的28种重度疾病在理赔中占比95%以上，过多病种数量不具太大意义。随着市场的发展，重疾险可以提供多次的疾病给付，但需注意多次给付的规则：一般来说，发生重症后，轻症即不再给付，但先发生轻症，重症可以再次给付。同时，重疾险在多次赔付中可能存在一些限制性条款，常见的有"同一原因引起二次疾病，只按其中保额最高的疾病赔付"，或"将保障疾病分组，每组疾病只赔一次"，等等。

在身故保障责任中，若无病而终，重疾险可以提供与基本保额相等的身故保险金，但若先罹患重度疾病，则不再给付身故保险金。

触发保费豁免，可免缴后续保费，进一步提升重疾险的保障杠杆。豁免保障的关注点在于豁免对象、触发条件及豁免期限（例如，投保人在缴费期内罹患轻症，免缴缴费期内保费）。

重疾险的费率与保障杠杆：重疾险的年保费比商业医疗保险高，但无须终身缴费，随投保年龄增长，重疾险的杠杆效应降低。以某款多次赔付终身重疾险为例，在保额 100 万元的情况下，35 岁男性 30 年缴费的年保费为 22 000 元左右，若投保时年龄已达 45 岁，则最长只能选择 20 年缴费，年保费为 34 000 元左右。

对于健康状况欠佳的群体，保险公司对疾病保险的差异化设计思路与医疗保险类似：第一，产品保障范围不变，降低可投保额，缩短缴费期限，根据不同慢病（三高、糖尿病等）差异化承保，如慢病版疾病险；第二，产品保障范围缩小，仅保障癌症，降低可投保额，缩短缴费期限，如防癌疾病险。

（4）疾病保险（重疾险）规划中的注意事项

第一，正确认识疾病保险功能：重疾险给付的保险金可用于医疗费用、康复护理费用及收入补偿，其不可替代的功能是收入补偿。

第二，合理确定重疾险的保额：退休前重疾险的保额可参考 3～5 年工作净收入确定（已配置医疗保险的情况下），退休后重疾险的保额应参考未来重疾的相关费用增长。

第三，保障疾病和期限的选择：随着医疗技术的发展，重大疾病可能多次发生，有经济余力时应尽量选择多次赔付、保障终身的重疾险。

第四，重疾险与其他险种的组合：重疾险与医疗保险的组合，可构建完整的"给付＋报销"保障，重疾险与特定疾病保险如防癌险组合，可定向增强特定疾病保障。

（二）意外伤害保险

意外伤害保险（下文简称"意外险"）是保障意外风险的人身保险。在意外险中，"意外"的界定是突然的、非本意的、外来的、非疾病的。意外险的主要特点有：

意外风险与年龄、健康无关，主要风险因素是职业；意外险一般为交一年保一年，长期意外险相对较少。

1. 意外险的保障分析

意外险可以保障意外身故，在养老规划中主要关注其伤残和意外医疗等生存保障：意外险的伤残给付根据伤残程度分为 1~10 级，给付比例分别为对应伤残保额的 100%~10%；意外医疗一般零免赔，百分百给付。以某款老人意外险产品为例，其身故保障、伤残保障、意外医疗的保额分别是 10 万元、10 万元和 1 万元。高额意外险与一般意外险的差异主要在于，各项保额更高；部分高额意外险对投保人的收入有要求。

意外险的保费较低，一般意外险不足千元，高额意外险在几千元左右。

2. 意外险规划中的注意事项

第一，注意意外险中的相关责任免除：高风险运动等行为风险、妊娠等相关疾病风险均不在一般意外险的承保范围内。

第二，注意意外险责任是否保障全面，比如某些长期意外险设置为可返还保费，但伤残责任不在保障范围内。

第三，根据人群选择意外险产品：根据家庭财富量级、行为习惯（是否经常出差等）确定需求。

（三）个人商业养老保险

个人商业养老保险属于年金保险（年金：一系列定期、有规则的金额支付），年金保险是以被保险人生存为给付条件，按约定时间间隔分期给付生存金的保险。我国《人身保险公司保险条款和保险费率管理办法》规定：养老年金保险以养老保障为目的，且给付生存金年龄不得小于国家法定退休年龄，相邻两次给付期不得超过一年。

个人商业养老保险的养老功能体现在如下方面：养老金的储备与纪律分配；提供安全、确定、可增长的生存收益；提供持续、稳定、不可挪用的终身现金流；运用风险精算技术，实现长寿风险的转移。

个人商业养老保险可以有不同的分类：按缴费期限划分，可分为趸缴和期缴的养老年金险；按给付起始时间划分，可分为即期（缴费后第二期即开始领取）和延期的养老年金险；按给付终止时间划分，可分为定期、纯粹终身、期间保底或金额保底的养老年金险；按给付人数划分，可分为个人、联合、最后生存者或联合及最后生存者的养老年金险；按设计类型划分，可以分为传统型、分红型、万能型或变额年金的养老年金险。

目前我国个人商业养老保险一般具备期缴、延期、期间保底、个人可终身领取的类型特征，主险类型主要为传统型或分红型，万能型一般作为附加账户进行组合。

1. 个人商业养老保险的保障分析

我们可以从保单利益（见表 3-11）、保单权益、保单收益三个方面分析个人商业养老保险。

表 3-11　某款传统型终身个人商业养老保险产品的保单利益

被保险人生存时利益	可退保权益	缴费后至养老金保证领取期满有现金价值
	养老金领取日	男性可选 60 岁、65 岁、70 岁领取 女性可选 55 岁、60 岁、65 岁领取
	保证领取期	20 年（20 年后为纯粹终身年金直至身故）
被保险人身故时利益	养老金领取前	身故金＝MAX（所交保费，现金价值）
	保证领取期	身故金＝保证领取期内余额
	保证领取期后	无身故赔付责任

从保单权益分析，投保人缴纳保费，拥有保单自由退保权（退保可得现金价值），基于现金价值可进行保单贷款、减额交清等操作；被保险人的生命是保险保障的标的，可以与投保人为同一人，或为有保险利益的不同人（如为自己、配偶投保）；养老金受益人一般为被保险人本人，部分产品可设为投保人或其他人（被保险人的配偶、父母、子女等）；身故金受益人可以为投保人或其他人，也可根据顺位和比例设置多人，投保人指定身故金受益人需经被保险人同意。

从保单收益分析，前款个人商业养老保险，40 岁投保，年缴保费 100 万元，5 年缴费，60 岁可开始领取年养老保险金 54.2 万元，该保单的生存利益领取日前体现为现金价值，领取日后为各期养老金（保证领取）。该保单的生存利益内部收益率如表3-12 所示。

表 3-12   前款传统型终身个人商业养老保险产品的保单收益测算

保单年度（年）	累计保险费（元）	期初现金价值（元）	已领养老保险金（元）	保证给付剩余养老金（元）	内部收益率测算（%）
6	5 000 000	3 502 100	—	—	−11.64
26	5 000 000	6 262 410	2 710 000	8 130 000	3.43
15	5 000 000		19 512 000		4.16

由此可以得到结论：随寿命增长，个人商业养老保险的内部收益率呈先降后升趋势，保单设计中存在早逝者对长寿者的利益补贴，长寿者的保单收益甚至可以突破保单预定利率（该保单预定利率为 3.5%）。

长期来看，传统型个人商业养老保险的内部收益率为 3%~4%，投资风险与利率风险由保险公司承担，消费者得到确定的收益。新型个人商业养老保险中分红型、万能型的预定利率一般低于传统型个人养老年金险，也即确定回报部分低于传统型个人养老年金险，一般为 2%~3%，但分红型养老年金险的分红盈余和万能型养老年金险结算利率超过保底利率的部分，可为投保人带来浮动收益回报。

2. 个人商业养老保险规划中的注意事项

第一，认知个人商业养老保险的意义：约束领取的终身现金流，在个人年老失去资产管理能力时，能够有效防范来自家庭内外的道德风险。

第二，积极进行储备规划，早做打算。前款个人商业养老保险采用趸缴方式，若想自 60 岁起领取同样的养老金（10 万元），35 岁只需准备保费 75 万元左右，59岁则需要一次投入 115 万元左右。

第三，合理规划保单不同权益归属。

第四，根据养老资源缺口进行配置：个人商业养老保险具有长期、安全、确定的收益特征，适合作为养老资产配置的"压舱石"。

（四）其他储蓄型商业保险分析

除个人商业养老保险外，在个人商业保险中，具备储蓄性的保险还有人寿保险中的终身寿险和两全保险。终身寿险和两全保险的风险保障针对被保险人死亡而设计。

终身寿险的生存利益主要体现在保单较高的现金价值上，运用现金价值的保单贷款、退保、减保及年金转换功能，可进行养老金的周转、一次性补充或多次分配。两全保险具有定期保障加储蓄的特点，在养老规划中，主要运用其满期给付一次性补充养老金。

需要注意的是，无论是终身寿险还是两全保险，与个人商业养老保险的差异均在于：不具备养老金的纪律分配功能，仅具备一定的储蓄功能。同时，终身寿险和两全保险的风险保障并非针对长寿风险而设计，因此终身寿险和两全保险的确定收益一般不会超过预定利率。

三、商业保险配置在养老财务规划中的应用

在了解过政策支持的商业保险、个人商业保险产品之后，我们可以从商业保险在养老中的需求及商业保险在养老中的配置两方面进一步了解商业保险配置在养老财务规划中的应用。

（一）养老需求中的商业保险

在本部分内容中，我们着重分析大众、中产、财富家庭对养老保险的需求差异，以及对应的保险产品、保险产品组合、保险产品可带来的资源。

1. 养老中的健康意外保障

重大疾病风险是人生各个阶段的第一健康风险，而重大疾病发生率的主要影响因素是年龄和性别。从保险业的经验来看，80 岁前男性罹患至少一种重疾的概率为58%，女性为 45%[1]，真正无疾而终的人是很少的。

大众、中产家庭对重大疾病的关注点在于财务损失。退休前重大疾病会造成医

---

[1] 数据来源：《国民防范重大疾病健康教育读本》，中国精算师协会。

疗费用、康复护理费用支出，同时增加收入损失。目前，重大疾病的国内平均治疗费用为 20 万~80 万元。退休后重大疾病的医疗费用、康复护理费用将随医疗通胀而大幅上涨，同时特定重疾会造成老年人的失能或失智。

财富家庭对重大疾病的首要关注点在于获取更好的医疗信息和医疗资源，享受更优质的医疗环境。因求药、诊断不明、调整治疗方案、追求尊严、提高特定癌症 5 年生存率等需求，财富家庭可能会选择海外就医。

2. 养老金规划与管理

长寿概率增加是经济发展和技术进步的必然结果，女性平均预期寿命比男性长 4~5 岁，更易享受到"百岁人生"。

大众、中产家庭对长寿风险的关注点在于长寿带来的养老财务缺口，其中商业养老保险在转移长寿风险、管理养老金分配、提供安全确定收益方面具备独特功能（见表 3-13）。

表 3-13   保险系养老金融产品与其他第三支柱金融产品的比较

比较要素	长寿风险	仅提供养老储备，还是同时保障退休后收入	投资、利率风险	收益	产品期限
商业养老保险	保险公司承担	财富积累及终身现金流	保险公司承担（确定收益部分）	中	终身
终身寿险	消费者承担	仅提供财富积累			
两全保险					短期、中期
银行养老理财			消费者承担	中高	封闭期 5 年
养老目标基金				高	封闭期 1~3 年
养老信托产品					灵活定制

财富家庭对长寿风险的关注点在于资产保全与养老方式。退休前财富家庭主要考虑如何将资产安全储备至养老，退休后财富家庭的注意力转移至养老方式的选择，同时需要兼顾养老与传承目标的平衡。

3. 保险可对接的康养资源与服务

商业保险与健康、养老产业有天然的联系。"保险＋健康"主要体现为针对大众、中产、财富家庭的健康管理服务：购买健康类保险，在健康生活方面可获得身体监测、定期评估等服务，在疾病管理方面可获得全病程管理、安排医疗资源等服务。"保险＋养老"目前多针对中产、财富家庭：购买养老金规划类保险，在保费达到一定门槛（主流为 30 万~300 万元）时，保单中的不同权益人可获得社区养老或居家养老服务的资源选择权。此类中高端养老资源的吸引力在于可贯穿从低龄活力养老到高龄护理养老的全流程，但均需另行付费。

（二）养老配置中的商业保险

1. 影响商业保险配置的因素分析

影响商业保险配置的因素可以分为主观因素和客观因素。在主观因素中，对于风险的心理承受能力和认知程度对风险保障型保险的规划存在影响；理财纪律性、过往的理财经验、投资偏好对养老金类保险配置存在影响。在客观因素中，不同的收入和资产水平、目前所处的人生阶段、家庭结构、保险产品本身对投保健康情况的限制、目前所处的政策环境、经济周期、利率周期等，对商业保险的配置均有不同程度的影响。

2. 商业保险在养老中的配置要点

理财师在为客户以养老为目的配置商业保险时，要点在于识别客户所处的财富量级、了解客户所处的生命周期、明晰商业保险在养老中的配置顺序、掌握商业保险在养老中的额度测算以及对商业保险在养老中的期限做出规划。

（1）客户所处的生命周期

家庭财务生命周期分析主要适用于大众、中产家庭。一般来说，在家庭形成期（结婚至子女出生），夫妻平均年龄在 30 岁左右，这时家庭的保险需求为既有风险保障，又不影响经济支出，尚未开始考虑以养老为目的的保险配置。在家庭成长期（子女出生至子女完成学业），夫妻平均年龄在 30~45 岁，这时家庭的保险需求为家庭支柱风险保障、子女教育规划等，在健康状况较优时，投保、加保长期保障的医疗险、重疾险，进行意外险配置，可为养老中的健康意外保障打下基础。在家庭成熟期（子女完成学业至夫妻退休），夫妻平均年龄在 45~60 岁，此时是进行退休规划的重点时期，需时刻检视健康意外保障，防止断保，投保、加保养老年金、储蓄类保险。此阶段也是选择养老方式、平衡养老与传承安排的关键时期。

（2）商业保险在养老中的配置顺序

商业保险在养老中的配置顺序有三个原则。

原则 1：在养老中，商业保险的配置优先于其他金融产品的配置。

原则 2：在养老中，健康意外类保险的配置优先于养老金规划类保险的配置。

原则 3：在养老金规划类保险中，养老年金险的配置优先于储蓄类保险的配置。

在实务中，带病人群的投保是老龄化背景下的重要内容。带病人群的常见疾病有高血压、糖尿病、乳腺结节等。带病人群投保保险产品的难点在于健康险。从保险原理角度来看，保险产品的经营基础是"同质性风险"的汇聚与分散，带病人群与健康人群风险不同，需要差异化承保或购买专属健康险产品。意外险、年金险无须考虑带病人群和健康人群的投保差异（因意外风险与健康无关，年金险仅保障长寿风险）。

带病人群投保健康险的可能结果如表 3-14 所示。

表 3-14　带病人群投保健康险的不同结果（示例）

承保结果		医疗保险	疾病保险
不可保		拒保、延期	拒保、延期
可保，但既往症及其引起的疾病不赔		标准版百万医疗险、部分惠民保	重疾险除外承保
既往症可保可赔	情况 1：保障既往症引起的重疾	防癌版、老人重疾版百万医疗险	重疾险、防癌疾病险正常承保、加费承保
	情况 2：承保既往症（设定限额）	高端医疗险、税优健康险、部分惠民保	—
	情况 3：承保既往症及并发症	标准版、慢病版百万医疗险正常承保、加费承保	专属疾病险，如糖尿病并发症保险

　　理财师为带病人群配置健康险的流程与目标：掌握基本慢病常识，了解相关健康险差异（对慢病的承保要求、承保结果）；协助客户做好健康告知，了解不同的健康核保方式（智能核保、人工核保等）；在可选产品范围内，争取最优承保结果（多家同时投保，选择最优方案等）。表 3-15 展示了部分保险公司针对带病人群开发的特定产品。

表 3-15　部分保险公司开发的带病人群保险

保险机构	产品
众 * 保险	针对糖尿病、高血压、甲状腺疾病、乳腺疾病、肝病、肾病人群，推出超过 42 个慢病可保产品
中 * 人寿	"糖安宝"：糖尿病前期及 2 型糖尿病的人群，在线投保时无须体检
太 * 人寿	"超 e 保"（慢病版）："三高"人群、甲状腺结节 1～3 级、乳腺结节 1～3 级、乙肝病毒携带者均有机会按标准体承保
泰 * 在线	"心关爱""呼吸关爱""胃康保""诺心安"保障涉及有关心血管、呼吸系统、胃的多种慢性疾病
人 * 健康	"欣 e 保医疗保险"（肺结节版），特别保障肺结节人群

资料来源：《带病投保前景如何》，财新周刊，2022 年。

（3）商业保险在养老中的额度测算

商业保险在养老中的额度测算包含保额的测算与对应的保费预算两部分。

在健康意外风险保障中，目前个人商业医疗保险可提供百万至千万的保额，主要挑战来自保障期限。重疾险的保额确定有如下参考：大众家庭，先配医疗保险，根据预算选配重疾险，经验保额为 30 万元；中产家庭，重疾险保额一般为年净收入的 3～5 倍，经验保额为 50 万～200 万元；财富家庭在配置高端医疗险的基础上，可为年轻家庭成员配置重疾险。意外险的身故保额为寿险保额的 2 倍，大众、中产家庭的寿险保额根据遗属需要法确定，财富家庭的寿险保额依据生命价值法确定，同等身故保额条件，优先选择伤残和意外医疗保额高的意外险。

大众、中产家庭风险保障保费（医疗险＋重疾险＋意外险＋寿险）应占年收入的 5%～15%。

在养老年金险的规划中，根据大众、中产家庭当前支出水平推算至退休时点，其养老年金险的保额应为退休时点支出的 20% 左右；财富家庭的养老年金险保额依期望的养老资源而定。大众、中产家庭在家庭成熟期的养老年金险保费应占年收入的 10%~20%，临近退休时点时，可能要动用储备资产投保养老年金险。

（4）商业保险在养老中的期限规划

商业保险在养老中的期限规划包含两个方面：保障期限与缴费期限。

从长寿养老目标的角度出发，各类商业保险均以终身保障为佳。在健康保障中，目前百万医疗险最多保障 20 年，防癌医疗险、重疾险可保至终身，现阶段可采用"百万医疗险＋防癌险"或"百万医疗险＋重疾险"的组合方案，同时应关注未来是否会出现保证终身续保的百万医疗险；意外险中的长期意外险可以保至终身，但需要注意其保障是否全面；保障期限为终身的养老金规划类保险只有养老年金险。

不同类型的保险均应尽早开始投保，以获取规则允许的最长缴费期，提升保障杠杆与资金使用效率。

第五节　房产在养老财务规划中的配置

通过阅读本节内容，读者可了解大众在房价衡量及房产投资方面的误区，理性评估房价水平，对房产市场发展做出合理预期，也可以理解房产在养老中的作用、"以房养老"工具的缺陷、自主售房或租房养老决策中需考虑的因素，并掌握不同财富量级家庭的房产配置原则。

一、房产配置中的常见现象

（一）不同来源的房价数据

我国当前主流的房产价格及价格指数既有国家统计局公布的全国房地产开发景气指数等数据，也有第三方商业机构公布的指数，如表 3-16 所示。

表 3-16 我国主流房产价格（指数）

主流房产价格（指数）	发布	数据来源	特点
商品房平均销售价格	国家统计局	房地产开发企业	商品房的平均价格水平
70 个大中城市商品住宅销售价格指数（新建商品住宅及二手住宅）	国家统计局	各地住建委或房地产经纪机构	新建住宅和第二次及以上产权登记住宅的销售价格及变动情况
全国房地产开发景气指数	国家统计局	房地产开发企业	最合适的景气水平：100 点 适度景气水平：95 ~ 105 点
中国房地产指数	搜房网	搜房网交易数据	反映全国及主要城市房地产市场的运行状况和发展趋势
中原指数	中原地产	中原地产交易数据	反映房地产的价格趋势及市场发展

资料来源：国家统计局。

对比 2011—2020 年商品房平均销售价格和 70 个大中城市的新建商品住宅销售价格指数两者的累计涨幅，结果差异较大，其主要原因在于两种价格（指数）在数据来源、统计口径、计算方法和计算频率方面不尽相同。

从新建商品房数据取样及计算方法来看，平均价格消除了不同房产之间因区位、质量差异造成的成交价格差异；对于二手房来说也同样如此，且网签价格常常与实际成交价格存在差距。因此，房产平均价格（指数）并不能完全真实反映市场价格水平，容易误导置业及投资决策。

（二）房产是刚性需求还是投资需求

如图 3-4、图 3-5、图 3-6 所示，通过适龄购房人口、家庭户数、结婚人数与房价及销售量的关系，可知我国房价上涨并非主要由刚需驱动。从房价与货币供应量的关系可看出（见图 3-7），房价上涨反而更多源于投资需求。

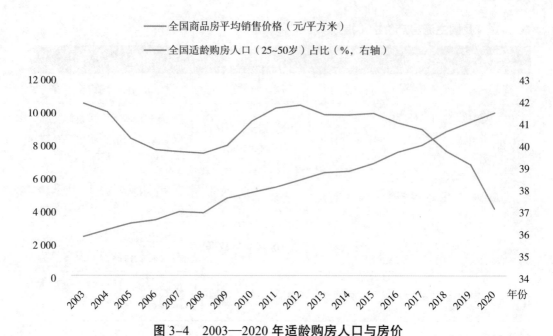

图 3-4   2003—2020 年适龄购房人口与房价

资料来源：Choice。

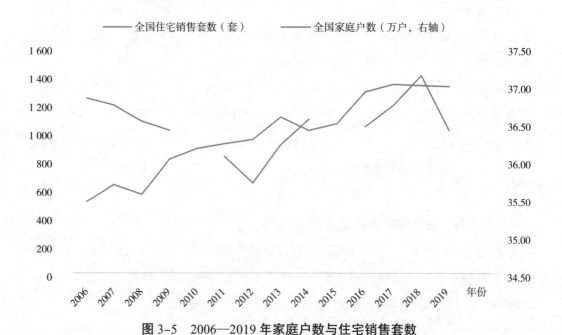

图 3-5   2006—2019 年家庭户数与住宅销售套数

资料来源：Choice。

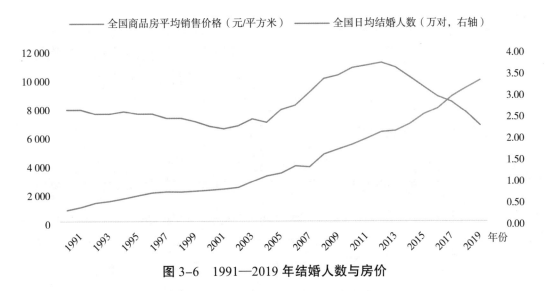

图 3-6 1991—2019 年结婚人数与房价

资料来源：Choice。

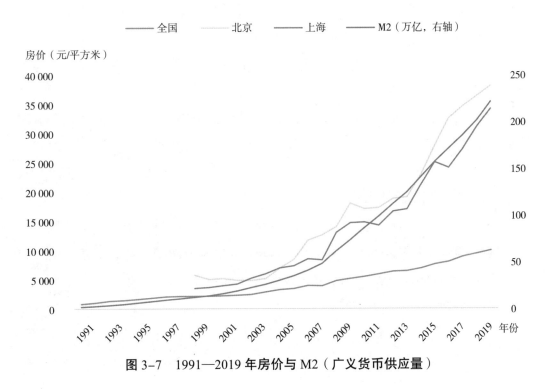

图 3-7 1991—2019 年房价与 M2（广义货币供应量）

资料来源：Choice。

（三）养老过度依赖房产

过去几十年房价的巨大涨幅与其他有效投资渠道的缺失，使人们自然形成了"房产"信仰，"买房防老""靠房养老"的观念被绝大多数人认可和接受。

二、房价现状与未来趋势

（一）我国当前房价水平

据国家统计局公布的商品房平均销售价格计算，全国商品房平均销售价格在1999—2021年的23年中累计涨幅为490%，年复合增长率为7.16%，其中上海的累计涨幅接近10倍。参照与我国国情相似的日本，20世纪60年代至70年代初，日本全国平均房价也经历了将近500%的涨幅，短暂下跌后又继续上涨约50%，但在随后的20年间从最高点持续下跌超50%，并保持低迷至今。[1]

房价收入比、房价租金比是衡量房价泡沫程度的指标。NUMBEO（国际生活成本数据库）数据显示，在2022年中期全球房价收入比前十大城市中，北、上、广、深全部在列，其他二线城市也居于高位。房价租金比最高的全球前十大城市中除首尔外，其他均为我国城市。

相关数据显示，2021年年底我国居民住房总市值为476万亿元[2]，同期美国居民住房总市值为36万亿美元[3]，按汇率计算，中国房产市值相当于美国房产市值的两倍。

（二）我国当前居住水平

2019年全球人均住房居住面积最大的国家是美国，人均78平方米，我国排名第六。[4]国家统计局公布2020年我国人均住房建筑面积为41.76平方米，换算为居住面积（建筑面积×80%）后，人均住房居住面积为33.41平方米。当前我国人均居住水平处于世界前列，缺乏上升空间。

1　数据来源：Choice、美联储经济数据库。

2　数据来源：《中国财富报告2022》，新湖财富。

3　数据来源：美联储经济数据库。

4　数据来源：易居研究院。

（三）人口对房价的影响

1. 人口年龄结构

以日本为例，日本房产市场的第一次泡沫发生在置业人口高速发展期，房价出现短暂下跌后便重回升势；第二次泡沫发生在人口老龄化时期，房价下跌过半。当前我国劳动年龄人口比例已不足 70%，早已过了高峰期（见图 3-8）。

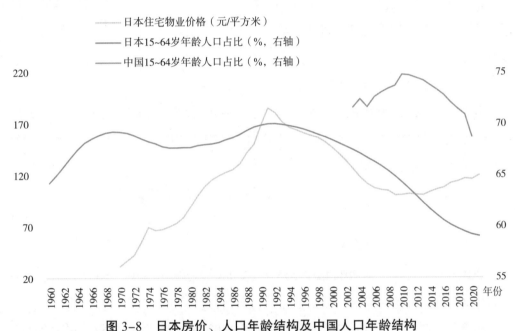

图 3-8　日本房价、人口年龄结构及中国人口年龄结构

数据来源：美联储经济数据库、Choice。

2. 人口地域结构

住房需求增长最快的时期对应的是城镇化率为 30% ~ 50% 的阶段，人口从农村快速流入城市。在城镇化率处于 50% ~ 70% 水平时，人口流动增速减弱，住房需求增速下降。2020 年，我国城镇化率为 63.9%。[1]

1　数据来源：Choice。

（四）政策对房价的影响

近些年房地产销售乏力，地方政府财政赤字显著增加。为了降低地方经济对房地产的过度依赖，十八大以来国家提出深化财政体制改革，重新划分中央和地方的财权、事权，这起到了"釜底抽薪"的效果，房价未来或将摆脱土地财政的高额成本。

除土地供应政策外，住房金融政策也有相应调控措施。

三、房产在养老财务规划中的作用

（一）自住房是养老财务支出

我国居民住房自有率高，多数家庭在进入老年时期时已拥有至少一套房产，居家养老是主要养老模式。50 岁是我国人均居住面积的转折点，随着年龄增长，老年人的居住需求会逐渐下降。

美国消费者数据显示，以养老为目标的购房为改善性需求，多发生在退休前后。

（二）投资性房产是养老储备资产

我国居民家庭资产约 70% 集中在房产上，进一步按年龄划分，65 岁以上家庭的配置比例最高，为 85.6%。[1]

房产是重要遗产。据《中华遗嘱库白皮书（2021）》统计，我国 60 岁以上老年人遗嘱中有 99.46% 涉及不动产。

四、现行以房养老模式的困境

根据生命周期理论，以家庭资源合理配置与效用最大化为目标，将青壮年时期"人养房"与老年时期"房养人"结合，会使人一生的消费平均化，实现住房和养老的最佳组合。

如何盘活房产是我国居民养老的一个重要问题。但从多年实践来看，与房产相关的养老模式的落实面临重重困难，有些甚至早已终止。

1　数据来源：《中国城市家庭财富健康报告 2018》，西南财经大学中国家庭金融调查与研究中心。

（一）政府主导的以房养老

售房养老、租房养老、住房反向抵押贷款、住房反向抵押养老保险是各地相关部门、机构曾试行过的以房养老模式，其推广困难的原因有以下几个：

第一，很多老年人难以接受住养老院的超前消费观念，想把房产留给子女，同时部分金融产品有参与门槛与资质要求。

第二，房屋虽是老人出资购买，但房产证上有儿女或家庭其他成员，产权存在瑕疵；住宅 70 年产权到期后的续期虽有法规，但具体操作还待明确。

第三，以房养老金融产品涉及房产、银行、保险公司、信托公司、法律等多个行业部门，流程复杂，产品设计和实施专业度高，产品风险来源多且难以估计。

第四，公办养老机构供应不足，设施服务水平不高；社会机构参与需要资质；养老为长期产业，参与机构需有较强的抗风险能力。

（二）居民自主的以房养老

1. 售房养老

拥有房屋产权的老人出售现有房产，以自住房产养老、租房养老或入住养老院。

这种方式可一次性获得一笔价值较高、可自由支配的现金流；但若房产出售时尚未还清贷款，需先偿还剩余贷款或做转按揭，这将影响变现资金。若售后换租则会给老人带来不稳定感。

这种方式更适合拥有一套以上自有住房的老人或生活尚可自理、急需用钱的老人。出售自有住房对养老储备资产有很好的补充作用，但完全依靠售房养老则风险较大。

假设某 60 岁老人将自己名下两套住房中的一套出售后，打算用该笔资金入住养老院，扣除税费后净得售房款 200 万元。年初缴纳养老院费用，预计前十年每年 12 万元（现值），70 岁起每年 24 万元（现值），每年费用增长率为 5%，费用含食住、医疗等。

若不进行任何理财，那么该笔资金将在老人 71 岁时耗尽；如果投资报酬率为 3%，该笔资金将在 73 岁时耗尽；如果投资报酬率为 6%，该笔资金将在 76 岁时耗尽。

自主售房养老应考虑以下因素：首先，高龄老人有失能失智风险，医疗护理费逐年递增；其次，养老需求在时间上具有刚性特点；最后，养老资产配置具有风险厌恶特征，以保守水平估算投资报酬率更适宜，故需准备充足的储备资金。

2. 租房养老

老年人将自有产权住房租出，在自住房中居住、租入租金较低的住房或入住养老院，以租金或租金价差补充养老储备资产。

这种方式确保了房产所有权。但如果换租，老年人在租房市场中较难找到满意的住房，补充养老储备资产的效果取决于租金价差。完全依靠租房养老风险也很大。

同样假设某60岁老人将自己价值200万元的住房出租，租金用于入住养老院。租金年回报率为2%，年涨幅为3%，年初收取。养老院费用预计前十年每年12万元（现值），70岁起每年24万元（现值），年增长5%，年初缴纳。老人预期寿命90岁。

我们可以测算房租对养老院费用的替代率水平（替代率＝当年房租／当年养老院费用），如图3-9所示，其未来三十年将从33.33%逐年下降至15.25%。自主租房养老不仅要考虑医疗护理费的高增长，还要考虑房屋折旧对租金的影响。

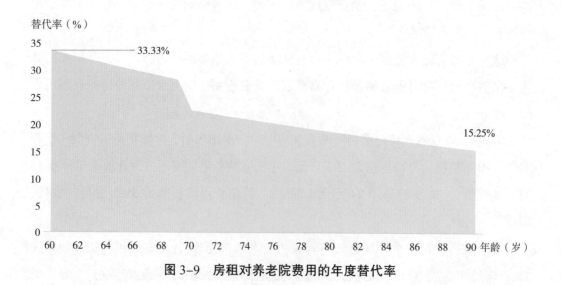

图 3-9　房租对养老院费用的年度替代率

五、房产在养老资产中的合理配置

（一）房产与养老的矛盾

房产是养老储备资产之一，能满足老年人的居住需求，对晚年生活质量至关重要。但我国家庭资产过于集中在房产上，尤其是老年家庭，而老年人的住房需求逐年减少，金融、法律工具也无法有效盘活房产。房产的高风险有悖于养老资产的安全性、保障性、灵活性特征。

未来除一线城市外，售房价格预期波动较大，且房屋使用年限影响租金。未来房产及房租价格的不确定性，使得房产不足以应对长寿风险，更不能对冲养老各项费用的高增长。

（二）房产在养老资产中的配置原则

未来大多数人以房养老的期望将会受挫，房产只能是养老储备的核心资产之一，应降低房产比例，增加资产流动性，将资产配置到其他能真正有效对冲养老风险的金融产品上。

大众家庭以自住为主，可将大面积房产置换为小面积房产；中产家庭大多拥有一套及以上房产，应减少高风险地区房产；财富家庭则要降低投资性房产比例。

第六节　养老资产配置产品与方案汇总

只有熟悉各类产品的流动性、安全性、风险性和保障性特征，在资产配置时才能选对产品。由于资产配置部分涉及的金融产品种类众多，在此对涉及的产品进行梳理和汇总，见表3-17、表3-18、表3-19、表3-20。

基于同样的考虑，本书在各系列产品部分都提供了产品组合的参考方案，但主要是围绕各机构的产品展开。为了让读者看到结合不同机构产品的养老资产配置方案全貌，本节对这些方案也进行了合并和汇总，见表3-21、表3-22、表3-23、表3-24、表3-25、表3-26。需要指出的是，权益类和固收类产品的比例和搭配，可根据投资者的风险属性，在资产配置模型输出结果的基础上进行调整。

一、养老金融产品汇总

表 3-17   银行系金融产品汇总

产品	风险性	收益性	流动性	门槛
现金管理类产品	低	低	日度开放	低
定期存款	低	低	3 个月到 5 年	低
大额存单	低	低	3 个月到 5 年	最低 20 万元
结构性存款	低	低	1 年内为主	低
储蓄国债	低	低	3 年或 5 年	低
特定养老储蓄产品	低	低	5 年到 20 年	低
最短持有期理财产品	中低	中低	最低持有 7 天到 1 年为主	低
定开银行理财	中低	中低	1 个月到 2 年开放为主	低
固收类封闭理财	中低	中低	90 天到 5 年为主	低
私行理财产品	中低	中低	3 个月到 5 年，1 年以内的短期为主	合格投资者
养老理财产品	中低	中低	最低持有 5 年到 10 年为主	低
混合类封闭理财	中	中	90 天到 5 年为主	低
资管产品	中	中	90 天到 2 年为主	合格投资者

表 3-18   公募基金产品汇总

产品	风险性	收益性	流动性	门槛
货币基金	低	低	日度开放	低
中短期纯债基金	中低	中低	日度开放	低
中长期纯债基金	中低	中低	日度开放	低
积极型债券基金	中	中	日度开放	低
保守混合型基金	中	中	日度开放	低
养老目标风险基金	中、中高	中、中高	1 年、3 年或 5 年为主	低

（续表）

产品	风险性	收益性	流动性	门槛
养老目标日期基金	中、中高	中、中高	1年、3年或5年为主	低
灵活混合型基金	中高	中高	日度开放	低
积极混合型基金	中高	中高	日度开放	低
大盘型股票基金	中高	中高	日度开放	低
价值型股票基金	中高	中高	日度开放	低
增强指数基金	高	高	日度开放	低
中盘型股票基金	高	高	日度开放	低
成长型股票基金	高	高	日度开放	低

表 3-19　私募基金产品汇总

产品	风险性	收益性	流动性	门槛
纯债策略	中低	中低	月度或季度开放	合格投资者
债券增强策略	中低	中低	月度或季度开放	合格投资者
转债策略	中	中	月度或季度开放	合格投资者
债券复合策略	中	中	月度或季度开放	合格投资者
事件驱动策略	中	中	月度或季度开放	合格投资者
相对价值策略	中	中	月度或季度开放	合格投资者
管理期货策略	中	中	月度或季度开放	合格投资者
FOF 策略	中	中	月度或季度开放	合格投资者
复合套利策略	中	中	月度或季度开放	合格投资者
宏观策略	中高	中高	月度或季度开放	合格投资者
股票中性策略	中高	中高	月度或季度开放	合格投资者
股票多空策略	高	高	月度或季度开放	合格投资者
股票多头策略	高	高	月度或季度开放	合格投资者

表 3-20 **保险产品汇总**

产品	风险性	收益性	流动性	保障性	门槛
税延养老险	低	低	除非身故、全残或重疾，否则不可退保	长寿风险管理	低
专属养老险	低	低	积累期可退保；领取期仅1~3级伤残或重疾可以退保	长寿风险管理	低
个人养老年金险	低	低	可退保	长寿风险管理	低
税优健康险	低	—	账户余额仅可用于退休后购买商业健康保险，或用于个人自付医疗费用	健康意外保障	低
惠民保	低	—	消费型	健康意外保障	低
政策性长期护理保险	低	—	消费型	健康意外保障	低
城市定制型商业医疗保险	低	—	消费型	健康意外保障	低
百万医疗险	低	—	消费型	健康意外保障	低
个人商业医疗险	低	—	消费型	健康意外保障	低
高端医疗险	低	—	消费型	健康意外保障	高
重疾险	低	—	消费型	健康意外保障	低
意外险	低	—	消费型	健康意外保障	低
终身寿险	低	低	可退保及保单贷款	身故风险保障	低
增额终身寿险	低	低	可退保与灵活领取（有规则限制）	身故风险保障	低

二、不同财富量级的养老金融产品配置

（一）大众人群养老资产配置

表 3-21　大众人群——青年养老资产配置

特征	产品	优先级	配置比例（保险产品除外）
保障性	健康：保证续保 20 年的百万医疗险	1	
	健康：保终身的防癌医疗险	1	
	健康：保终身的重疾险	2	
	非健康：保终身的防癌医疗险	1	
	非健康：慢病版、老人版百万医疗险	1	
	非健康：政策性健康险	2	
安全性	积极型债券公募基金	3	40% ~ 60%
收益性	增强指数公募基金	3	20% ~ 25%
	灵活混合型公募基金	3	20% ~ 35%

表 3-22　大众人群——中年养老资产配置

特征	产品	优先级	配置比例（保险产品除外）
保障性	健康：保证续保 20 年的百万医疗险	1	
	健康：保终身的防癌医疗险	1	
	健康：保终身的重疾险	2	
	非健康：保终身的防癌医疗险	1	
	非健康：慢病版、老人版百万医疗险	1	
	非健康：政策性健康险	2	
	养老年金险	3	

（续表）

特征	产品	优先级	配置比例（保险产品除外）
安全性	积极型债券公募基金	3	50%～70%
收益性	增强指数公募基金	3	10%～20%
	灵活混合型公募基金	3	20%～30%

表 3-23　大众人群——退休后养老资产配置

特征	产品	优先级	配置比例（保险产品除外）
保障性	保终身的防癌医疗险	1	
	慢病版、老人版百万医疗险	1	
安全性	纯债公募基金	2	20%
流动性	三个月以上开放式理财产品	2	40%
	银行现金管理类理财产品	2	40%

（二）财富人群养老资产配置

表 3-24　财富人群——青年养老资产配置

特征	产品	优先级	配置比例（保险产品除外）
保障性	高端医疗险	1	
	养老年金险	1	
	增额终身寿险	1	
	保终身的重疾险	2	
安全性	积极型债券公募基金	3	40%～60%
收益性	股票多空策略私募基金	3	20%～25%
	灵活混合型公募基金	3	20%～35%

表 3-25　财富人群——中年养老资产配置

特征	产品	优先级	配置比例 （保险产品除外）
保障性	高端医疗险	1	
	养老年金险	1	
	增额终身寿险	1	
	保终身的重疾险	2	
安全性	积极型债券公募基金	3	50%～70%
收益性	股票多空策略私募基金	3	10%～25%
	FOF 私募策略、管理期货策略	3	20%～25%

表 3-26　财富人群——退休后养老资产配置

特征	产品	优先级	配置比例 （保险产品除外）
保障性	高端医疗险	1	
	养老年金险	1	
	增额终身寿险	1	
	保终身的重疾险	2	
安全性	中长期纯债公募基金	3	25%～30%
收益性	FOF 私募策略、相对价值策略	3	20%～30%
流动性	银行现金管理类理财产品	3	10%～20%
	三个月以上开放式理财产品	3	40%～50%

第四章

养老安排中的法律事务

第一节 晚年监护与遗赠扶养

有尊严的生活状态是养老规划的核心。养老首要的任务是养护好老年人的安全，照顾好老年人的生活。如何为老年人设定监护人及激励人们对老年人履行生养死葬的职责，是养老规划中的必要事项。

一、监护人与意定监护

监护人，是指对无民事行为能力人或限制民事行为能力人的人身、财产和其他一切合法权益负有监护职责的人。

（一）老年人失智与监护

并非所有的老年人都需要监护人，只有无民事行为能力（不能辨认自己的行为）或限制民事行为能力（不能完全辨认自己的行为）的老年人才需要设立监护人。而老年人是否为无民事行为能力人或限制民事行为能力人，可经该老年人的利害关系人或者有关组织向人民法院申请，由人民法院认定。

值得注意的是，民事行为能力关注的是"行为"能力而非"行动"能力，重在确认老年人是否具有辨认能力，例如是否失智，而瘫痪在床、行动不便的老年人并不一定是限制民事行为能力人或无民事行为能力人。

（二）老年人的监护人

无民事行为能力或者限制民事行为能力的老年人，由下列有监护能力的人按顺序担任监护人：（1）配偶；（2）父母、子女；（3）其他近亲属；（4）其他愿意担任监护人的个人或者组织，但是必须经被监护人住所地的居民委员会、村民委员会或者民政部门同意。

老年人的监护人分为协定监护人、指定监护人、临时监护人和意定监护人。协定监护人是依法具有监护资格的人之间通过协议而确定的监护人。协议确定监护人应当尊重被监护人的真实意愿。指定监护人可分为由居民委员会、村民委员会或者民政部门指定，由人民法院指定和由遗嘱指定（原监护人用遗嘱为被监护人指定监护人）三种。对监护人的确定有争议的，由被监护人住所地的居民委员会、村民委员会或者民政部门指定监护人，有关当事人对指定不服的，可以向人民法院申请指定监护人；有关当事人也可以直接向人民法院申请指定监护人。居民委员会、村民委员会、民政部门或者人民法院应当尊重被监护人的真实意愿，按照最有利于被监护人的原则在依法具有监护资格的人中指定监护人。临时监护人是在尚未指定监护人，同时被监护人的人身权利、财产权利以及其他合法权益处于无人保护状态的，由居民委员会、村民委员会、法律规定的有关组织或者民政部门担任。意定监护人是指具有完全民事行为能力的老年人，可以与其近亲属、其他愿意担任监护人的个人或者组织事先协商，以书面形式确定自己的监护人，在自己丧失或者部分丧失民事行为能力时，由该监护人履行监护职责。

（三）老年人监护人的责任

监护人的责任包括保护被监护人的人身安全与健康，照顾被监护人的生活、医疗与康复，承担经济上供养、生活上照料和精神上慰藉的义务，照顾被监护人的特殊需要，对被监护人进行管理与开导，管理和保护被监护人的财产（监护人除为维护被监护人的利益外，不得处分被监护人的财产），维护被监护人的合法权益，代理其解决纠纷和参与诉讼，等等。

作为老年人的监护人，履行监护职责应当做到最大程度地尊重被监护人的真实意愿，应当按照最有利于被监护人的原则履行监护职责，应当保障并协助被监护人实施与其智力、精神健康状况相适应的民事法律行为。对于被监护人有能力独立处理的事务，监护人不得干涉。

（四）监护人的变更

监护人有下列情形之一的将会被撤销监护人资格：实施严重损害被监护人身心健康的行为；怠于履行监护职责，或者无法履行监护职责且拒绝将监护职责部分或者全部委托给他人，导致被监护人处于危困状态；实施严重侵害被监护人合法权益的其他行为。

根据有关个人或者组织的申请，由人民法院撤销原监护人资格，安排必要的临时监护措施，并按照最有利于被监护人的原则依法指定监护人。可以申请变更监护人的有关个人、组织包括除原监护人外其他依法具有监护资格的人，以及居民委员会、村民委员会、学校、医疗机构、妇女联合会、残疾人联合会、未成年人保护组织、依法设立的老年人组织、民政部门等。

监护人被变更的，原监护人应向新监护人移交监护权利与职责（被监护人的人身与财产权益）。而依法负担被监护人赡养费、扶养费的父母、子女、配偶等，被人民法院撤销监护人资格后，仍应当继续履行负担的义务。

案例：大成监护案[1]

大成（1937年生）父母早年过世，妻子也已去世，且无亲生子女，有哥哥大明、弟弟大年和妹妹小娟三位同胞兄妹。莉莉是弟弟大年的女儿，早年过继给了大成；哥哥大明育有女儿小雅，妹妹小娟育有儿子阿强。案中人物关系见图4-1。

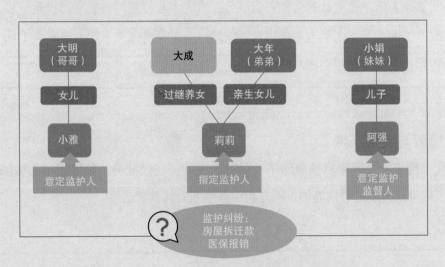

图4-1　大成监护案人物关系图谱

2019年，大成与小雅和阿强办理了《意定监护协议》公证，该协议约定大成委任小雅为其意定监护人，委任阿强为其意定监护监督人。2019年12月底，大成经司法鉴定患有器质性精神障碍，法院宣告其为限制

1　案例所涉人名均为化名，编写参考中国裁判文书网《民事判决书（2020）沪0106民特209号》。

民事行为能力人，指定莉莉为其监护人；但长期以来，大成一直随阿强夫妇共同生活。

现大成房屋已拆迁。针对大成的医保报销和房屋拆迁款管理问题，莉莉与阿强、小雅产生纠纷，小雅提起变更监护人诉讼。

法院判决认为，监护权对监护人来说，既是一项权利，更是一项义务，设立监护制度是为了更好地保护被监护人的人身、财产及其他合法权益。认定监护人的监护能力，应综合考虑监护人的身体健康状况、经济条件、与被监护人在生活上的联系状况等因素。

大成长期与阿强一家同住，未与莉莉共同生活，且大成的钱款和证件等均处于小雅及其父亲的保存与管理中。大成虽为限制民事行为能力人，但有一定的理解表达与认知能力，在法院两次庭审与一次居住地调查中，大成均表示不愿意让莉莉担任监护人，同意小雅担任其监护人。因此，从有利于被监护人大成的角度出发，法院对小雅要求变更监护人的申请予以支持，大成的监护人变更为小雅。

二、赡养与遗赠扶养

我国传统上是以家庭养老即子女赡养为主的。当代社会，独居老年人增加，可以更多地考虑通过遗赠扶养协议的方式由其他人为其养老送终。

（一）赡养

赡养人是指老年人的子女以及其他依法负有赡养义务的人。赡养人的配偶应当协助赡养人履行赡养义务。赡养人的赡养义务不因老年人的婚姻关系变化而消除。

赡养人的义务包括：应当履行对老年人经济上的供养、生活上的照料和精神上的慰藉义务，照顾老年人的特殊需要；应当使患病的老年人及时得到治疗和护理；对经济困难的老年人，应当提供医疗费用；对生活不能自理的老年人，应当承担照料责任；不能亲自照料的，可以按照老年人的意愿委托他人或者养老机构等予以照料；应当妥善安排老年人的住房，不得强迫老年人居住或者迁居至条件低劣的房屋；

对于老年人自有的住房，赡养人有维修的义务；等等。

此外，赡养人不得要求老年人承担力不能及的劳动，赡养人不得以放弃继承权或者其他理由拒绝履行赡养义务。

赡养人不履行赡养义务，老年人有要求赡养人给付赡养费等权利。

（二）遗赠扶养协议

遗赠扶养协议是自然人与继承人以外的组织或个人签订的协议，按照协议，该组织或个人承担该自然人生养死葬的义务，享有受遗赠的权利。遗赠扶养协议多适用于独居、需要养护的老年人。继承人以外的组织或者自然人，比如远房亲戚、成年继子女、非婚同居人、邻居、朋友、同事，以及村委会、公司或机构、权益保护组织均可作为遗赠扶养人。

遗赠扶养人签订遗赠扶养协议后，无正当理由不履行协议导致协议解除的，不能享有受遗赠的权利，其支付的供养费用一般不予补偿；遗赠人（被扶养人）无正当理由不履行协议导致协议解除的，则应当偿还扶养人已支付的供养费用。

（三）遗赠扶养协议的效力

除法律另有特别规定外，遗赠扶养协议的效力与遗赠人（被扶养人）有无后人无关、与法定赡养人的能力和赡养意愿无关、与协议签订和扶养的时长无关、与遗赠扶养人（受遗赠人）的身份无关（无论是城镇居民还是农村村民，抑或外籍人士）。此外，通过遗赠扶养协议遗赠的财产无数额与范围的限制。

案例：李先生遗赠扶养协议案[1]

李先生被扶养情况与争议焦点如图 4-2 所示。

法院判决认为，本案证据能够证明，在签订遗赠扶养协议之前，被申请人赵龙夫妇已照顾李先生的日常生活长达十几年，特别是在李先生晚年时经常陪伴其看病，在住院期间和平日生活上对李先生进行了照料，在

---

[1] 案例所涉人名均为化名，编写参考中国裁判文书网《民事裁定书（2020）津民申 812 号》。

精神上给予了慰藉，尽了主要扶养义务。虽然涉案遗赠扶养协议签订后没有多久李先生就去世了，但是依据遗赠扶养协议的约定，李先生的遗产100万元存款应归被告赵龙夫妇所有。

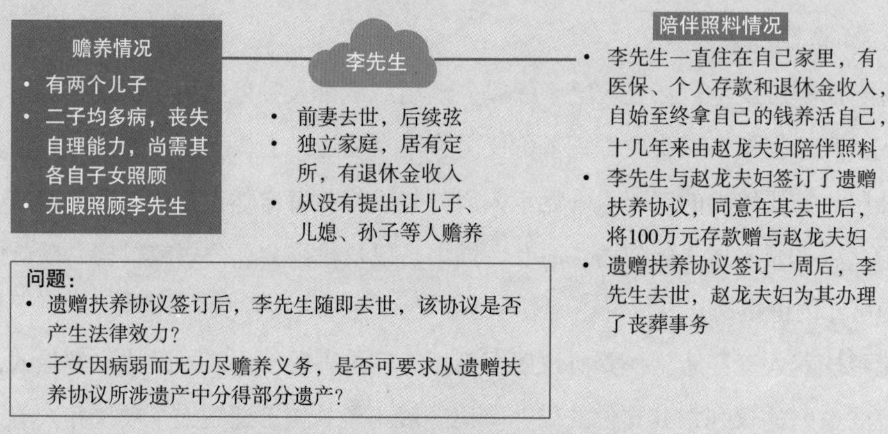

赡养情况
- 有两个儿子
- 二子均多病，丧失自理能力，尚需其各自子女照顾
- 无暇照顾李先生

李先生
- 前妻去世，后续弦
- 独立家庭，居有定所，有退休金收入
- 从没有提出让儿子、儿媳、孙子等人赡养

陪伴照料情况
- 李先生一直住在自己家里，有医保、个人存款和退休金收入，自始至终拿自己的钱养活自己，十几年来由赵龙夫妇陪伴照料
- 李先生与赵龙夫妇签订了遗赠扶养协议，同意在其去世后，将100万元存款赠与赵龙夫妇
- 遗赠扶养协议签订一周后，李先生去世，赵龙夫妇为其办理了丧葬事务

问题：
- 遗赠扶养协议签订后，李先生随即去世，该协议是否产生法律效力？
- 子女因病弱而无力尽赡养义务，是否可要求从遗赠扶养协议所涉遗产中分得部分遗产？

图 4-2　李先生被扶养情况与争议焦点

第二节　遗产继承与遗嘱

财富传承是老年人遗产规划的目标之一。继承相关的法律规则确立了遗产规划的基准，而如何处理逆继承与隔代继承，则会凸显财富传承规划的能力。

一、继承权与基本规则

继承分为法定继承和遗嘱继承。继承开始后，按照法定继承办理；有遗嘱的，按照遗嘱继承或者遗赠办理。

（一）法定继承人的范围

依照我国法律，法定继承分为两个顺位。处于第一继承顺序的继承人为配偶、父母和子女，其中：父母包括生父母、养父母和有扶养关系的继父母；子女包括婚生子女、非婚生子女、养子女和有扶养关系的继子女。此外，丧偶儿媳对公婆，丧偶女婿对岳父母，尽了主要赡养义务的，也作为第一顺序继承人。处于第二继承顺序的继承人为兄弟姐妹、祖父母和外祖父母，其中，兄弟姐妹包括同父母的兄弟姐妹、同父异母或者同母异父的兄弟姐妹、养兄弟姐妹和有扶养关系的继兄弟姐妹。

法定继承开始后，由第一顺序继承人继承，第二顺序继承人不继承。没有第一顺序继承人继承的，由第二顺序继承人继承。

（二）代位继承

代位继承仅存在于法定继承中。

被继承人的子女先于被继承人死亡的，由被继承人子女的直系晚辈血亲代位继承。被继承人的孙子女、外孙子女、曾孙子女、外曾孙子女都可以代位继承，代位继承人不受辈数的限制。

被继承人的兄弟姐妹先于被继承人死亡的，由被继承人的兄弟姐妹的子女代位继承。

代位继承人一般只能继承被代位继承人有权继承的遗产份额。

（三）法定继承的适用范围

有下列情形之一的，遗产中的有关部分按照法定继承办理：被继承人无遗嘱的；遗嘱继承人放弃继承或者受遗赠人放弃受遗赠的；遗嘱继承人丧失继承权或者受遗赠人丧失受遗赠权的；遗嘱继承人、受遗赠人先于遗嘱人死亡或者终止的；遗嘱无效部分所涉及的遗产；遗嘱未处分的遗产。

（四）法定继承分配的一般原则

遗产分割应当有利于生产和生活需要，不损害遗产的效用。

依法定继承方式继承遗产，遗产分配时一般采用均等原则，即同一顺序继承人继承遗产的份额，一般应当均等；但如继承人协商同意的，继承遗产的份额也可以不均等，即体现协商优先原则。

如遇有如下特殊情形，依法定也可不均等分配：对生活有特殊困难又缺乏劳动能力的继承人，分配遗产时，应当予以照顾；对被继承人尽了主要扶养义务或者与被继承人共同生活的继承人，分配遗产时，可以多分；有扶养能力和有扶养条件的继承人，不尽扶养义务的，分配遗产时，应当不分或者少分。

此外，有关部门还可依法酌情给非继承人分得遗产，即对继承人以外的依靠被继承人扶养的人，或者继承人以外的对被继承人扶养较多的人，可以分给适当的遗产。

（五）遗产继承流程

对于遗产继承应先析产确权，后继承分割。

夫妻共同所有的财产，除另有约定外，遗产分割时，应当先将共同所有的财产的一半分出为配偶所有，其余的才为被继承人的遗产；如为家庭成员共有财产的，遗产分割时，应当先分出他人的财产，其余的方为被继承人的遗产。

案例：朱先生遗产继承案[1]

朱先生有两个儿子，妻子早亡。长子朱大前几年病故，留有一子朱旭；次子朱小健在。但长期以来子孙对朱先生均不闻不问。几十年来，朱先生均由邻居孔氏夫妇陪伴照料。上个月，朱先生去世，未留遗嘱，遗有30万元存款放在孔氏夫妇处。为此，朱旭与朱小将孔氏夫妇起诉至法院，要求继承朱先生的30万元遗产。

裁判解读：如图4-3所示，本案被继承人无遗嘱，应按照法定继承进行遗产分配。朱先生的继承人为两个儿子，即朱大和朱小。因朱大早于朱先生去世，则由其子朱旭代位继承。一般情况下，依照法定继承遗产分配原则，朱先生的30万元遗产会平均分配给朱旭和朱小，每人可得15万元。但按法律规定，继承人以外的对被继承人扶养较多的人，可以分给适当的遗产。因此，结合朱先生对子女抚养的付出及孔氏夫妇对朱先生的日常贡献等因素，法院酌定遗产分配比例为：孔氏夫妇分得80%，即22万元；朱氏子孙分得20%，即剩余的8万元由朱小和朱旭各继承4万元。

---

[1] 案例所涉人名均为化名，编写参考中国裁判文书网《民事裁定书（2020）津民申812号》。

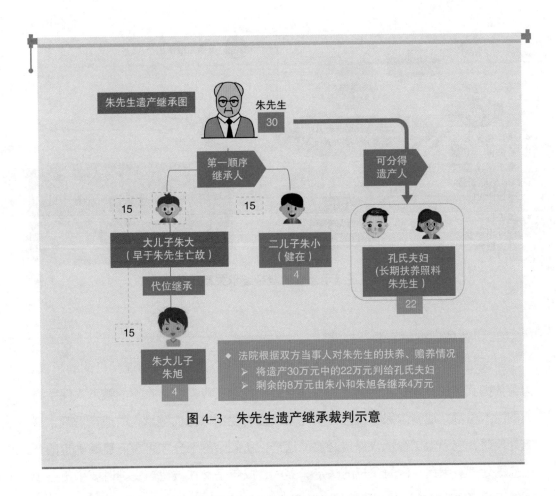

图 4-3　朱先生遗产继承裁判示意

二、逆继承与遗产流转

一般情况下，多是长辈早于晚辈去世，由晚辈继承长辈遗产。而晚辈早于长辈去世，长辈继承了晚辈遗产的情况称为逆继承或逆向继承。

（一）逆继承与转继承

逆继承常常会引发转继承。

转继承是指继承人在被继承人死亡之后，遗产分割之前，因为某种缘故尚未实际取得遗产而死亡或被宣告死亡，其应继承的份额转由他的合法继承人继承。

一般情况下，不做主动安排或安排无效，将适用法定继承规则。依照法定继承规则，父母生存时，存在逆继承的可能；在父母另有其他继承人时，父母逆继承取得的遗产多会外流（见图 4-4）。

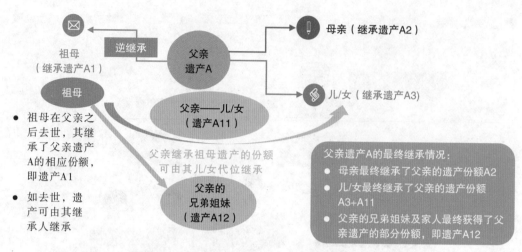

图 4-4   逆继承蕴含的复杂继承关系（示例）

（二）避免逆继承与遗产外流

即便是为了避免逆继承，任何人也不能单纯地以遗嘱方式剥夺父母的继承权。因为依据我国法律规定，遗嘱应当为缺乏劳动能力又没有生活来源的继承人保留必要的遗产份额。遗嘱未保留缺乏劳动能力又没有生活来源的继承人的遗产份额，遗产处理时，应当为该继承人保留必要的遗产，所剩余的部分才可参照遗嘱确定的分配原则处理。因此，作为父母的法定赡养人，成年子女在做遗产安排时要平衡避免逆继承导致的遗产外流与履行赡养义务两者之间的关系。

这里提供四种避免逆继承的参考方案：

方案一：指定父母为继承人，但同时指定父母可继承的遗产类型与份额。例如，指定父母享有房屋居住权，但不享有房屋所有权；明确父母使用房屋的方式，以及是否可以出租、出借给他人；或指定父母仅继承现金资产，指明仅用于医疗支出等，并指定如何处分父母去世后尚剩余的遗产。

方案二：采用附条件的遗嘱继承。在遗嘱中，父母并非继承人，但要求遗嘱指定的继承人或受遗赠人扶养父母，将扶养父母作为继承人继承遗产或接受遗赠的条件，同时在遗嘱中安排如继承人或受遗赠人不履行义务的救济措施。

方案三：采用遗嘱信托方式。遗嘱中指定遗产管理人、遗嘱信托受托人，指定遗嘱信托的受益人为父母，并指明受益方式、受益用途（如用于生活、医疗、护理等），指定如何处分父母去世后尚剩余的上述部分遗产，安排劣后信托受益人（继承人、受遗赠人）及其排序，等等。

方案四：生前安排父母养老事宜，例如为父母投保（包括但不限于医疗险、重疾险、护理险、年金险等），为父母设立养老信托，生前赠与父母养老金，等等。

三、隔代传承与遗嘱

（一）隔代传承与遗嘱

依照我国法律规定，孙子女、外孙子女并不属于法定的顺位继承人。遗产要实现隔代传承，途径包括代位继承、转继承、遗赠或具有可分得遗产的情形。

遗嘱是遗嘱人生前在法律允许的范围内，按照法律规定的方式处分其个人财产或者处理其他事务，并在其死亡时发生效力的单方法律行为。

（二）遗嘱的效力

立遗嘱人须具有遗嘱能力，即立遗嘱人须具有完全民事行为能力，立遗嘱时要能认识和理解"立遗嘱"的意义，其所立遗嘱意思是真实的，没有受到胁迫或欺诈。违背立遗嘱人真实意思的遗嘱无效。当然，遗嘱意愿不得违背法律强制性规定以及公序良俗。

遗嘱无效有如下四种情形：无民事行为能力人或者限制民事行为能力人所立的遗嘱无效；受欺诈、胁迫所立的遗嘱无效；伪造的遗嘱无效；遗嘱被篡改的，篡改的内容无效。如表4-1所示，法定的遗嘱形式有七种，均需具备法定要件方可有效。

表 4-1　不同形式的遗嘱及其有效要件

遗嘱形式	要点	见证人（两名以上）
自书遗嘱	全文亲笔书写，签名，注明年月日	非必须
代书遗嘱	签名，注明年月日	必须
打印遗嘱	每页签名，注明年月日	必须
录音遗嘱	所有人声音，以及年月日	必须
录像遗嘱	所有人音像，以及年月日	必须

（续表）

遗嘱形式	要点	见证人（两名以上）
口头遗嘱	紧急时有效，可用其他方式立遗嘱时失效	必须
公证遗嘱	公证人员公证	非必须

下列人员不能作为遗嘱见证人：无民事行为能力人，限制民事行为能力人，其他不具有见证能力的人，继承人、受遗赠人以及与继承人、受遗赠人有利害关系的人。

（三）遗赠

遗赠是公民以遗嘱方式将个人财产赠给国家、集体或者法定继承人以外的人，而于其死亡时发生法律效力的民事行为。遗赠与继承的主要区别如表4-2所示。

表4-2　遗赠与继承的主要区别

项目	遗赠	继承（法定继承或遗嘱继承）
受益人范围	法定继承人以外的自然人、组织、国家	法定继承人（自然人）
明示要求	接受时须明示（知道受遗赠后60日内）	不表态视为接受，放弃时须明示（书面）
弃权是否可反悔	不可	可（遗产分割前）
宽宥制度[1]	不适用	适用

（四）遗嘱执行

遗嘱执行人即遗产管理人。遗产管理人可以依照法律规定或者按照约定获得报酬。但因故意或者重大过失造成继承人、受遗赠人、债权人损害的，遗产管理人应

---

[1] 宽宥制度是指，在继承人有三种行为（"遗弃被继承人，或者虐待被继承人情节严重的"，"伪造、篡改、隐匿或者销毁遗嘱，情节严重的"，或者"以欺诈、胁迫手段迫使或者妨碍被继承人设立、变更或者撤回遗嘱，情节严重的"）而依法丧失继承权的情形下，因为继承人确有悔改表现，被继承人表示宽恕或者事后在遗嘱中将其列为继承人的，该继承人则不丧失继承权的制度。应注意的是，如继承人有"故意杀害被继承人"或"为争夺遗产而杀害其他继承人"的，则不适用宽宥制度。受遗赠人如有上述五种行为，亦丧失受遗赠权，且不适用宽宥制度。

当承担民事责任。

遗嘱执行人行使如下职责：查明是否有其他遗嘱，遗嘱是否合法真实；清理遗产，登记造册，向继承人报告遗产情况；管理与保护遗产及遗产凭证，处理与遗产相关的债权债务事宜，以诉讼当事人的身份参与遗产纠纷诉讼；召集全体遗嘱继承人和受遗赠人，公开遗嘱内容；分配遗产，将遗产移转给遗嘱继承人或受遗赠人；等等。

遗产管理人的产生有多种方式。继承开始后，遗嘱执行人就是遗产管理人。没有遗嘱执行人的，继承人应当及时推选遗产管理人。继承人未推选的，由继承人共同担任遗产管理人。没有继承人或者继承人均放弃继承的，由被继承人生前住所地的民政部门或者村民委员会担任遗产管理人。如对遗产管理人的确定有争议的，利害关系人可以向人民法院申请指定遗产管理人。无论是否被确认为遗产管理人，存有遗产的人，均应当妥善保管遗产，任何组织或者个人不得侵吞或者争抢。

刘姥姥遗产继承案 [1]

刘姥姥是禹女士的母亲，今年（90 岁）去世。禹女士和马先生是夫妻，有一子名为马强。刘姥姥和禹女士共同拥有房屋一套，登记在二人名下，各占 50% 的份额；刘姥姥另有存款和基金（合计现值 150 万元），一直由马强打理。刘姥姥立有《公证遗嘱》一份，声明其房产归马强个人所有，遗嘱中未交代存款与基金的相关事宜。马先生一直在涉案房产中居住，现因中风，生活不便。

就刘姥姥遗产继承一事，马强起诉至法院，要求继承刘姥姥全部遗产，并且要求分割变卖涉案房产；禹女士主张继承房产和存款、基金，不同意变卖房屋；马先生则要求继续在涉案房产中居住。

法院判决：如图 4-5 所示，刘姥姥的遗嘱并未涉及遗产中的存款和基金，应按法定继承办理，由其女儿禹女士继承。

---

1 案例所涉人名均为化名，编写参考中国裁判文书网《民事判决书（2018）苏 0114 民初 5985 号》。

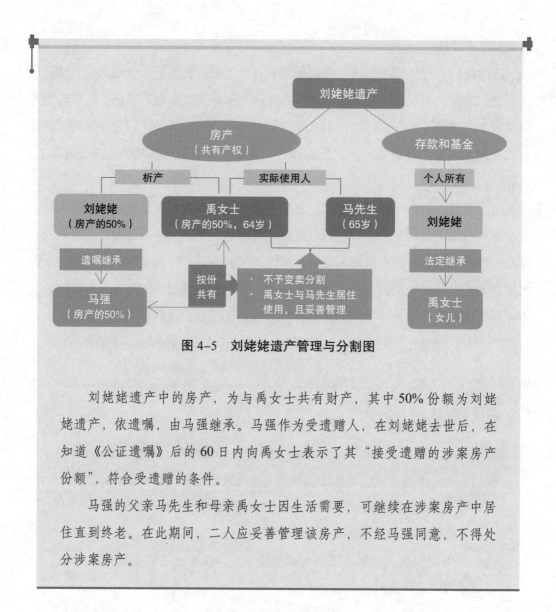

图 4-5   刘姥姥遗产管理与分割图

刘姥姥遗产中的房产，为与禹女士共有财产，其中 50% 份额为刘姥姥遗产，依遗嘱，由马强继承。马强作为受遗赠人，在刘姥姥去世后，在知道《公证遗嘱》后的 60 日内向禹女士表示了其"接受遗赠的涉案房产份额"，符合受遗赠的条件。

马强的父亲马先生和母亲禹女士因生活需要，可继续在涉案房产中居住直到终老。在此期间，二人应妥善管理该房产，不经马强同意，不得处分涉案房产。

第三节   婚恋财产确权与分割

老年人的再婚与青年人的婚姻相比，不仅会更多地牵涉双方资产权属区分问题，还会牵涉其他家庭成员的权益。为避免遗产继承纠纷，有些老年人选择不办理结婚登记手续而长期共同生活。而非婚同居期间的财产赠与，则易产生赠与是否可撤销的纠纷。

一、再婚与遗产处分

再婚会引发婚前财产与婚后财产归属确权事宜，除依法律规定的析产分割外，还可以通过财产约定的方式定纷止争。处理再婚遗产继承事项，与初婚重要的不同之处还在于，可能会涉及继父母与继子女之间的继承关系。

（一）婚姻财产的权属区分

夫妻在婚姻关系存续期间所得是指婚姻关系存续期间，实际取得或者已经明确可以取得的财产性收益。夫妻在婚姻关系存续期间所得的下列财产，归夫妻共同共有：工资、奖金和劳务报酬，知识产权的收益，生产、经营、投资的收益，继承或受赠的财产（但遗嘱或赠与合同中确定只归夫或妻一方的财产除外），以及其他应当归共同所有的财产。

夫妻一方的个人财产包括：一方的婚前财产；一方因受到人身损害获得的赔偿或者补偿，如医疗费、残疾人生活补助费等费用；遗嘱或赠与合同中确定只归夫或妻一方的财产；一方专用的生活用品；一方个人财产在婚后产生的孳息和自然增值；军人的伤亡保险金、伤残补助金、医药生活补助费；属于个人的房屋或相应份额；以及其他应当归一方的财产。夫妻一方所有的财产，不因婚姻关系的延续而转化为夫妻共同财产，但当事人另有约定的除外。

（二）婚姻约定财产制

约定财产制是指男女双方对婚前财产和婚姻关系存续期间所得财产的归属、管理、使用进行约定而确定财产归属的制度。约定应当采用书面形式，既可以在婚前进行，也可以在婚后进行。

在判断财产的归属时，应优先适用夫妻对财产依法进行的约定。只有夫妻之间对财产权属没有约定，或约定不明确的，或所作约定无效时，才会适用法律关于共同财产或个人财产的规定来确定。

财产约定对夫妻双方具有法律约束力；在符合法定条件时，对第三人也有约束力。例如，夫妻对婚姻关系存续期间所得的财产约定归各自所有，夫或妻一方对外所负的债务，相对人知道该约定的，以夫或妻一方的个人财产清偿。

（三）婚内房屋赠与约定的特殊性

婚前或者婚姻关系存续期间，夫妻约定将夫或妻一方所有的房产赠与另一方或共有，赠与方在赠与房产变更登记之前可以撤销赠与，除非该赠与合同经过了公证或者属于依法不得撤销的具有救灾、扶贫、助残等公益、道德义务性质的赠与合同。依上述规则，夫或妻一方将自己个人所有的房屋赠与对方的，如未办理变更产权登记，并且未对赠与行为做公证的，赠与一方可以反悔，撤销赠与。但如赠与双方对"反悔补偿"有明确约定的，应按约定给予对方补偿。

而针对双方婚后共同购买且登记在双方名下各占 50% 份额的房产，双方签订书面协议，约定归一方所有的，符合婚姻约定财产制的生效要件，则对夫妻双方发生法律上的约束力，该房产即为约定归属的一方个人所有财产。如一方反悔要求撤销赠与合同的，一般不会得到法律的支持。[1]

（四）购房还贷的房产权属

按揭购房常常会因跨越婚姻时点而涉及个人支付购房款与共同支付购房款相叠加的情形。一般来说，对该类房产进行确权分割时，婚前个人支付的房款与相对应的房产增值部分会被认定为付款方的个人财产；如主张婚前支付的房款是用双方共同财产支付的，须就此举证证明。而婚后共同支付的房款与相对应的房产增值部分则为夫妻共同财产；如主张婚后支付的房款是用个人财产支付的，须就此举证证明。

（五）再婚继承人的范围

只有相互之间形成了有扶养关系的继父母子女关系，继父母与继子女之间才互有法定继承权。继子女继承了继父母遗产的，不影响其继承生父母的遗产；继父母继承了继子女遗产的，不影响其继承生子女的遗产。

继父母与未成年继子女之间是否形成扶养关系，通常综合以下几个方面加以认定：形成扶养关系时继子女须为未成年人；继父母与继子女之间有抚养与被抚养的意愿；继父母负担了继子女的全部或部分抚养教育费用（以扶助配偶尽到了对孩子

1　参见北京市第一中级人民法院《民事判决书（2018）京 01 民终 6693 号》。

生活抚养义务为准；在夫妻共同财产制下，给付抚养费可视为生父母和继父母的共同给付）；继父母与继子女共同生活，对继子女给予了实际的照顾、教育和保护；继父母与继子女的扶养关系持续了较长的时间（视具体情况判断）。

对于成年继子女与继父母是否可以形成拥有继承权的扶养关系，要视成年继子女对继父母的赡养情况及证据证明情况而定。在司法实践中，如对继父母尽了主要扶养义务，即便不能认定双方之间构成了有扶养关系的继父母子女关系，继子女也有可能依据对被继承人尽了主要扶养义务的相关规定分得遗产。

案例：焦父再婚房产继承案 [1]

焦大为焦父焦母独子，焦大祖父母和外祖父母均已离世。2002年，焦大父母购买了涉案房产，房屋产权登记在焦父名下。2004年，焦大20岁时，母亲去世。2008年，焦父与李梅结婚重组家庭，李梅带着与前夫生的12岁女儿张小妹与焦父共同生活。2017年，李梅与焦父共同还完房贷。焦父2022年去世前先立了《代书遗嘱》，说将涉案房产给李梅；后又立了《自书遗嘱》，说将涉案房产给儿子焦大。焦大与李梅、张小妹之间对涉案房产产生争议。那么，此房是焦父的遗产吗？谁对涉案房产有继承权？各自的继承份额是多少？两份遗嘱，哪一份有效？

该案涉及共有财产分割、配偶继承、继子女继承权、婚后财产确权、遗产的范围及遗嘱的效力等问题。

裁判与分析：如图4-6所示，本案须先析产，即确定涉案房产权属与份额。根据购房合同，涉案房产购房价为100万元（含税费），首付30万元，贷款期限20年；至2008年再婚前，焦父用与焦母的夫妻共同财产偿还本息税费共计36万元；至2017年，焦父与李梅用夫妻共同财产偿还本息税费84万元。涉案房产总价款（含税费）为150万元，其中：焦母份额遗产占总房产的22%；焦大份额为焦母份额遗产的1/2，即11%；焦父份额为61%；李梅份额为28%。

---

1 案例所涉人名均为化名，编写参考中国裁判文书网《民事判决书（2019）京0101民初15412号》。

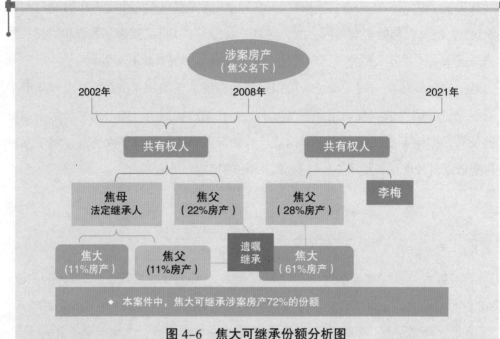

图 4-6　焦大可继承份额分析图

　　焦父的法定继承人包括配偶李梅、亲生儿子焦大和形成了扶养关系的继女张小妹。但因焦父留有遗嘱，本案不适用法定继承规则，而适用遗嘱继承。

　　对遗嘱效力的判断：本案件中，焦父的两份遗嘱应以时间在后的《自书遗嘱》为准；但是，焦父只能处分涉案房产中归属自己的份额，遗嘱处分其他人份额的部分无效。依《自书遗嘱》，由焦大继承焦父遗产，即获得 100% 焦父遗产，占涉案房产份额的 61%；而李梅和张小妹对该涉案房产中焦父所遗留的遗产部分无继承权。

二、非婚同居财产纠纷

　　老年人为避免因再婚而产生复杂的法定继承关系，往往会选择长期同居、共同生活而不办理结婚登记手续。财产权属与确认、赠与和赠与撤销则是非婚同居财产纠纷的焦点。

（一）非婚同居期间财产权属

非婚同居期间，没有证据加以证明是同居双方共有的财产，一般认定为归个人所有。

（二）非婚同居与赠与合同

赠与合同是赠与人将自己的财产无偿给予受赠人，受赠人表示接受赠与的合同。因赠与是无偿的，除具有救灾、扶贫、助残等公益、道德义务性质的赠与合同或者经过公证的赠与合同外，赠与人在赠与财产的权利转移之前可以撤销赠与。

（三）非婚同居与赠与撤销

受赠人有下列情形之一的，即便已经转移了赠与财产的所有权，赠与人仍可以要求撤销赠与：受赠人严重侵害赠与人或者赠与人近亲属合法权益的，受赠人对赠与人有扶养义务而不履行的，或者受赠人不履行赠与合同约定的义务的。

赠与人的撤销权，自知道或者应当知道撤销事由之日起一年内行使。

📊 案例：郎老太同居赠与纠纷案 [1]

张先生（1931 年生）与郎老太（1940 年生）在 2009 年非婚同居，并签订了如下协议：

张先生与郎老太在一起生活期间攒下的钱，张先生愿意给郎老太拾万元做养老用，郎老太、张 1、张 2 三人各自分得其他钱的三分之一份额。如果郎老太主动离开男方则分文不要，倘若男方不愿意郎老太陪伴，则需将其当时存款的一半分给郎老太。以上协议内容是双方真实意愿。

立约人签章：张先生

立约人签章：郎老太

立约日期：2009 年 4 月 2 日

---

1 案例所涉人名均为化名，编写参考中国裁判文书网《民事裁定书（2021）辽民申 6947 号》。

2022 年，双方结束同居关系。张先生于 2022 年 5 月 9 日向郎老太发出《张先生撤销对郎老太赠与的通知》，撤销 2009 年 4 月 2 日协议的赠与表示。郎老太提起诉讼要求分割同居期间共同积攒的银行存款 137.46 万元，认为其中的一半即 68.73 万元应归还自己。

法院认为：本案中，争议银行存款是张先生的离退休金。对于双方同居期间张先生获得的离退休金，郎老太不享有共同所有的权利。137.46 万元为张先生个人财产。

双方协议内容是张先生单方负有给付钱款的义务，郎老太不负义务，因此，认定协议的约定具有赠与的性质。张先生的赠与不属于具有道德义务性质等不可撤销之赠与。张先生并未向郎老太实际支付约定的钱款，张先生在双方约定钱款的所有权未转移前可以提出撤销赠与。

第四节　居住权及保险、信托合约

随着老龄化程度的加深，我国势必会走向传统家庭养老、政府福利养老与商业化养老相结合的模式，养老服务合同种类也会更加多样化。如何正确订立合约，就成为老年重要事务安排与达成愿景的技术保障。在此，我们选择"生有所养、死有所传"相关的房屋居住权设定、人身保险合约、信托合约进行重点阐述。

一、房屋居住权设定

居住权是《中华人民共和国民法典》新设定的一种用益物权，用以保护居者有其屋的居住利益。

（一）居住权与养老

1. 居住权的概念

居住权是指居住权人以满足生活居住的需要为目的，以书面合同方式、遗嘱方式或生效的法律文书方式设立或确认的，对他人的住宅享有占有、使用的权利。

居住权不得转让、不得继承。除另有约定外，居住权为无偿设立，且不得出租。

2.居住权的应用

在养老场景中，可以由相关部门通过裁判的方式设定赡养型居住权，判定赡养人保障老人老有所居；也可以由房屋所有权人通过遗嘱设定遗嘱型居住权，打破"非租即售"的惯常做法，平衡房屋用益人与继承人的利益，兼顾房屋的居住属性与资产属性；还可以运用合同设定协议型居住权，实现房屋过户给子女、养老机构或者第三人之后，老人仍能老有所居。

> **案例：张老先生与子女的房屋协议**
>
> 张老先生在妻子去世之后一直独自生活。随着年纪越来越大，老人一方面想把现在居住的房屋在生前就过户给子女，以减少继承的麻烦，也想以此让子女安心照顾其生老病死；但另一方面又害怕子女在房屋过户之后对其不孝，使其居无定所、无所依靠。
>
> 解决方案：张老先生在将房屋赠与子女的同时，与子女签订赡养协议和居住权协议，约定在张老先生将房屋过户给子女之后，仍能够在其有生之年享有在此房屋居住的权利。

（二）居住权的设立

设立居住权应当向登记机构申请居住权登记，居住权自登记时设立。

首次设立居住权，申请登记需提交如下材料：不动产登记申请书、申请人身份证明、房屋用途为住宅的不动产权属证书；如房屋上设定有抵押，还需有抵押权人同意居住权登记的材料。

如是依据合同而设立的居住权，需由居住权合同的双方当事人（及不动产登记簿记载的全部所有权人）共同申请。除上述材料外，还需持有居住权合同（或者有居住权约定条款的其他协议，如生效的离婚协议或收养、监护协议等）。

如是依据人民法院、仲裁委员会生效法律文书取得的居住权，可以按照生效法律文书的要求申请登记，并提交生效法律文书。

如是依据遗嘱设立的居住权，申请登记时，可由遗嘱确定的居住人单方申请。

居住权首次登记可以先于因继承而产生的不动产转移登记办理，也可以一并办理，或在再次办理转移登记前办理。申请登记时，须提交遗嘱人的死亡证明和已经确认生效的遗嘱；已经因继承、受遗赠办理转移登记的，无须提交遗嘱人的死亡证明。

（三）居住权的消灭

有下列情形之一的，居住权消灭：居住权人死亡的；因约定的居住权期限届满的；因不动产灭失、被征收的；因居住权人放弃权利的；因依据人民法院、仲裁委员会生效法律文书导致居住权被消灭的；因约定事由解除居住权合同的；法律、行政法规规定的其他情形。

已经登记的居住权消灭后，应及时办理注销登记。

二、人身保险合约

循着人生的轨迹，疾病、老迈、死亡，谁都无法避免。难以预测的旦夕祸福，常常猝不及防地改变人生的轨迹。人身保险，可以在一定程度上为我们的人生护航，当惊涛骇浪来临时，保护我们个人、家庭不至于翻船。如何配置人身保险保障老年生活，在前文已经为大家答疑解惑。本部分内容将围绕人身保险合约中的法律事务展开。

（一）人身保险中的保单法律关系与权益

在保单法律关系中，除保险公司外，还有投保人、被保险人和受益人三方。投保人不仅承担缴纳保费的义务，更拥有投（退）保权、用保单作质押的权利，以及享有保单现金价值和保单分红的权利。被保险人以其寿命、身体、健康等作为保险标的，享受认可保单、指定或同意指定受益人的权利。受益人则分为生存受益人和身故受益人，无论哪种受益人，均享有申请理赔（受益）和获得保险金（可能包含红利）的权利。

被保险人可以是投保人，也可以是生存受益人。需要说明的是，若受益人不明确，被保险人生存的，则认定受益人是被保险人；被保险人死亡后，人身保险金应作为其遗产处理。

（二）人身保险中受益人的设定

《中华人民共和国保险法》第三十九条规定："人身保险的受益人由被保险人或者投保人指定。投保人指定受益人时须经被保险人同意。"如投保人与被保险人就变更受益人事宜不能达成一致，应以被保险人意志为准来确定受益人，但投保人可选择退保。因此，在受益人设定问题上，投保人和被保险人是互相制衡的。

身故受益人在理论上可以为任意人，但在实操中，保险公司可能要求受益人与被保险人存在保险利益。不同的保险产品对人身保险生存金受益人的要求不同，例如：重疾险赔付、意外险伤残金等保障型保险的生存金受益人一般为被保险人，不得变更；两全保险的满期金通常属于投保人；年金保险的年金一般属于被保险人。目前，在实践中，仅部分人身保险产品可以允许变更受益人，且变更范围多为投保人或被保险人，如是第三人时，保险公司通常会要求其与被保险人具有保险利益。

（三）人身保险中投保人的设定

《中华人民共和国保险法》第十二条规定："人身保险的投保人在保险合同订立时，对被保险人应当具有保险利益。"投保人对下列人员具有保险利益：

（1）本人；

（2）配偶、子女、父母；

（3）前项以外与投保人有抚养、赡养或者扶养关系的家庭其他成员、近亲属；

（4）与投保人有劳动关系的劳动者。

除前款规定外，被保险人同意投保人为其订立合同的，视为投保人对被保险人具有保险利益。

案例：马总的保单设计

马总是位企业家，今年55岁，妻子是中学教师，独生女儿马上就要结婚了。他想购买养老年金险，希望以此保障自己和妻子的生前养老；夫妻均亡故后，独生女儿可领取保险金，但保险金又不会受到女儿未来婚变的影响而旁落他人。马总的保单该如何设计才能实现他的目标？

解决方案：马总可以作为保单的投保人和被保险人，从而掌控所有保单权益，自主决定保单变更或变现。

生存受益人设定：马总如希望保单能够满足自己的养老需求，应设定自己为生存金受益人。

身故受益人设定：设定妻子为身故第一顺位受益人，女儿为身故第二顺位受益人。马总亡故后，为保障妻子的养老需求，将妻子列为身故保险金第一顺位受益人，从而为其养老提供一定经济支持；另设女儿为身故保险金第二顺位受益人，如妻子无法享有此保险金时，可由女儿承接此保险金，实现马总传承财富给女儿的心愿。

根据"婚姻关系存续期间，夫妻一方作为受益人依据以死亡为给付条件的人寿保险合同获得的保险金，宜认定为个人财产"的司法实践，作为身故受益人，女儿领取的保险金为其个人财产而不是婚姻期间与配偶的共同财产。因此，这可以规避女儿因婚姻而导致保险金利益被未来女婿分流的风险。

三、信托合约

信托最早可追溯到罗马帝国时期。现代信托制度源于英国。美国最早完成了个人受托向法人受托的过渡、民事信托向金融信托的转移。信托制度现已被很多国家采纳。

（一）信托与养老

1. 信托的定义

信托是委托人基于对受托人的信任，将其财产权委托给受托人，由受托人按委托人的意愿，以受托人自己的名义，为受益人的利益或者特定目的，进行管理或者处分的行为。设立信托应当采取书面形式。

2. 信托法律关系

在信托中，信托法律关系的主体包括委托人、受托人、受益人三方。其中，委托人是提供财产、设立信托的人，信托合约订立后，委托人必须依照合约将其合法财产转移至信托；受托人是委托人设立信托的相对人，承担按照信托目的管理、处分信托财产的义务，按信托合约向受益人支付信托利益；受益人是在信托中享有信托受益权的人，自信托生效之日起即享有信托受益权。

3. 信托财产

受托人因承诺信托而取得的财产是信托财产。信托关系存续期间，受托人因信托财产的管理、运用、处分或者其他情形而取得的财产，也归入信托财产。信托财产根据法律、行政法规规定应当办理登记手续的，应当依法办理信托登记，否则，该信托不产生效力。信托财产应具有合法性、确定性和独立性的特征。

信托财产作为信托法律关系的标的，应当是可以合法转让的财产，或者说信托财产应当由可以合法流通的财产构成。委托人须对信托财产具有 100% 的所有权，比如，夫妻一方不可以个人名义用夫妻共同财产设立信托。信托财产应有明确的范围和特定的形态。信托财产应当是积极财产，包含债务的财产不能作为信托财产。

在信托成立后，信托财产就成为服从于信托目的而独立存在的财产，它与委托人未设立信托的其他财产相区别，成为独立的财产整体，能隔离委托人设立信托以后的债务。信托财产也独立于受托人所有的财产，不得归入受托人的固有财产或者成为固有财产的一部分。

4. 信托的功能

信托是集财产转移与财产管理于一身的制度安排。信托的主要功能包括：资产管理功能、债务隔离功能、税务筹划功能、隐私保护功能、资产保全功能和财富传承功能。

从金融的角度来看，信托横跨实体经济、货币市场和资本市场，可运用多种金融工具，解决个人养老的跨期、跨地域资产配置的基本需求。目前，国内的个人配置型养老信托，如养老理财信托、保险金信托、家族信托（见表 4-3），基本借鉴了家族信托的设计框架，面向相对高龄的高净值客户，兼具个人养老和家族财富传承双重功能。

表 4-3   我国三种养老信托比较

对比内容	养老理财信托	保险金信托	家族信托
委托人	①本人或子女 ②合格投资者群体	本人——投保人，被保险人	本人或子女
受托人	信托公司	信托公司	信托公司
受益人	①初始受益人 ②后备受益人	根据需要灵活安排	根据需要灵活安排
信托财产	现金	保单、保险金请求权、保险金	现金、股权、不动产等
设立门槛	有门槛，低于家族信托	有门槛，按保费或保额各公司不同	1 000 万元
适用场景	主要用于照顾家人老年生活，资产专业管理，较少考虑税收问题	主要用于照顾家人生活，资产专业管理及灵活分配等，较少考虑税收问题	满足复杂多样的需求，如债务隔离、资产专业管理、资产保全、隐私保密、按意愿传承等，会考虑税收问题

（二）遗嘱信托

《中华人民共和国民法典》第 1133 条规定："自然人可以依法设立遗嘱信托。"遗嘱信托又称死后信托，指遗嘱人通过立遗嘱的方式，将个人财产交付受托人，受托人根据信托的内容，对信托遗产进行管理和处分。

遗嘱信托兼有遗嘱和信托的双重属性，因此，设立遗嘱信托需要满足信托"三确定"要求，即信托目的确定合法、信托财产合法确定和受益人确定。

遗嘱信托选择受托人既要考虑对其信任度和其接受受托的意愿，更要考量其受托履职能力，包括时空便捷性、自身素质和能力、财富管理的实践经验，以及可持续的久远度（例如受托人的健康状况、年龄与自身风险状况）等。

（三）保险金信托

保险金信托，又称人寿保险信托，它是一款结合保险与信托的金融服务产品，兼具保险与家族信托的优势。它是以保险合同的相关权利（如身故受益权、生存受益权、分红领取权等）及对应的利益（如身故理赔金、生存金、保单分红等）和资金等作为信托财产，当保险合同约定的给付条件发生时，保险公司将按保险合同的约定直接将对应资金划付至对应信托专户，信托公司则依据信托合同的约定对委托财产进行管理、运用和处分，将信托利益分配给信托受益人。

与保险产品相比，保险金信托突破了受益人需是直系亲属及抚养、赡养关系的限制；理赔金独立于受益人财产，避免遭受受益人债务拖累；理赔金支付方式灵活，可防范成年受益人挥霍、离婚析产以及未成年受益人财产被篡夺等风险；由专业人员管理保障信托财产增值，可解决受益人无力管理问题。

与家族信托相比，它的设立门槛大大降低，保留了保险的杠杆性，理赔金额和收益率相对锁定，不会因市场行情、受托人资产管理能力等因素而发生变化。

案例：吴女士保险金信托方案

吴女士，46岁，私人企业主，丈夫49岁，母亲75岁。吴女士的需求是，一旦本人发生不幸，需给母亲及丈夫提供养老保障，并为高龄的母亲准备随时所需的医疗费用。

保险金信托方案：如图4-7所示，吴女士作为投保人，投保寿险或年金险，并且吴女士本人作为委托人与信托受托人签订《信托合同》。

《信托合同》约定，在投保后将信托受托人变更为投保人，身故保险金受益人设定为信托受托人；信托受益人为吴女士的母亲和丈夫。

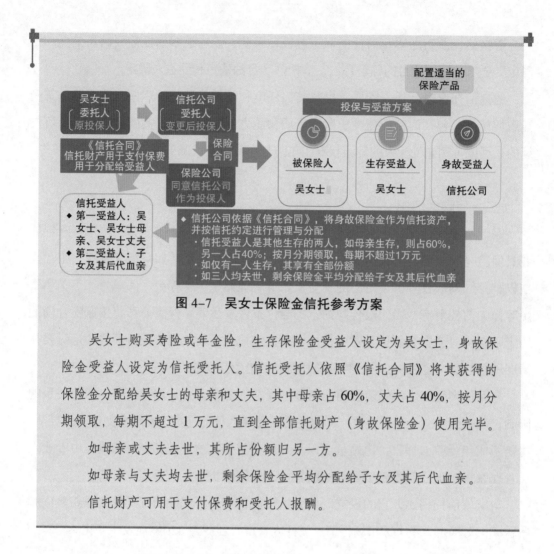

图 4-7　吴女士保险金信托参考方案

　　吴女士购买寿险或年金险，生存保险金受益人设定为吴女士，身故保险金受益人设定为信托受托人。信托受托人依照《信托合同》将其获得的保险金分配给吴女士的母亲和丈夫，其中母亲占 60%，丈夫占 40%，按月分期领取，每期不超过 1 万元，直到全部信托财产（身故保险金）使用完毕。

　　如母亲或丈夫去世，其所占份额归另一方。

　　如母亲与丈夫均去世，剩余保险金平均分配给子女及其后代血亲。

　　信托财产可用于支付保费和受托人报酬。

第五节　老年人反财产侵蚀

　　老年人的资产和权益受到法律的保护。老年人既要防范自有财产受到来自外部的欺诈，也要避免自有财产受到家庭内部成员的侵占。

一、反外部欺诈

　　根据公安部的总结，欺诈老年人的套路主要包括：提供"养老服务"、投资"养老项目"、销售"养老产品"、宣称"以房养老"、代办"养老保险"和开展"养老帮扶"。如图 4-8 所示的欺诈惯用四步法，展示了欺诈老年人的过程。

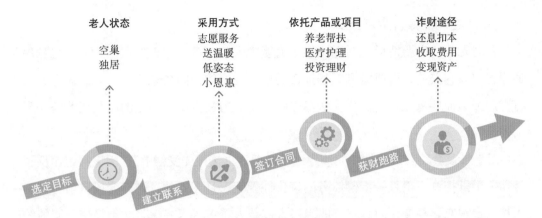

图4-8 欺诈惯用四步法

（一）"以房养老"套路贷

套路贷，是对以非法占有为目的，假借民间借贷之名，诱使或迫使被害人签订"借贷"或变相"借贷""抵押""担保"等相关协议，通过虚增借贷金额、恶意制造违约、肆意认定违约、毁匿还款证据等方式形成虚假债权债务，并借助诉讼、仲裁、公证或者采用暴力、威胁以及其他手段非法占有被害人财物的相关违法犯罪活动的概括性称谓。如图4-9所示，"以房养老"套路贷正是通过设定项目、放贷借钱、公证文书和制造投资风险的方式对老年人进行诈骗的。

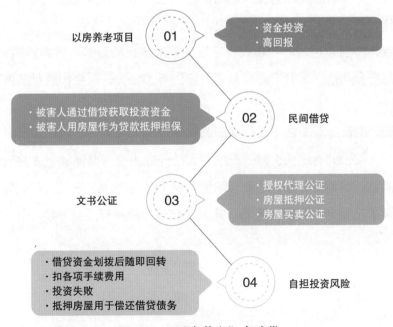

图4-9 "以房养老"套路贷

（二）合同无效抗辩套路贷

合同无效的主要情形包括无民事行为能力人实施的、通谋虚假表示的、恶意串通损害他人利益的、造成对方人身损害而要求免责的、因故意或者重大过失造成对方财产损失而要求免责的、违反法律行政法规效力性强制性规定的以及违背公序良俗的。

对于涉及套路贷的案件，如约定"以抵押物直接优先受偿的"，因该约定违反了法律关于抵押物不得直接抵偿债务的禁止性规定，是无效的；如养老投资项目负责人被认定犯有诈骗罪，而套路贷的当事人被载入了被害人名单，此类投资合同的约定一般也不会得到司法保护。

二、反内部侵占

《中华人民共和国老年人权益保障法》规定：老年人对个人的财产，依法享有占有、使用、收益和处分的权利；子女或者其他亲属不得干涉，不得以窃取、骗取、强行索取等方式侵犯老年人的财产权益；老年人自有的或者承租的住房，子女或者其他亲属不得侵占，不得擅自改变产权关系或者租赁关系；老年人有依法继承父母、配偶、子女或者其他亲属遗产的权利，有接受赠与的权利；子女或者其他亲属不得侵占、抢夺、转移、隐匿或者损毁应当由老年人继承或者接受赠与的财产；老年人以遗嘱处分财产，应当依法为老年配偶保留必要的份额。

老年人，特别是再婚的老年人，家庭关系大多比较复杂，容易产生财产混同。如在未经析产分割前，部分家庭成员对财产进行了处分，就会构成对其他家庭成员财产权的侵犯。

分家析产的法律意义在于，将共同共有财产转为按份共有或个人所有。在共同共有财产转为按份共有之前，对财产的重大处分应由全体共同共有人共同决定，任何一人不同意，均不得处分，这点与按份共有（经占份额三分之二以上的按份共有人同意即可）是完全不同的。此外，共同共有与按份共有还有多项差异，如表4-4所示。

表 4-4　按份共有与共同共有的法定规则差异表

项目	按份共有	共同共有
重大事项 [1] 决策通过	经占份额三分之二以上的按份共有人同意	全体共同共有人同意
管理费用以及其他负担	按照其份额负担	共同负担
共有物请求分割前提	可以随时请求分割	在共有的基础丧失或者有重大理由需要分割时可以请求分割
共有物产生的债权债务	按照份额享有债权、承担债务	共同享有债权、承担债务

1　重大事项包括处分共有的不动产或者动产以及对共有的不动产或者动产做重大修缮、变更性质或者用途的事项。

第五章

养老财务规划要点

养老财务规划的基本要点包括四个部分：养老信息收集，养老需求挖掘，养老财务目标的核定与调整，养老的资产配置。

一、养老信息收集

养老财务规划师在获得客户的初步信任后，需通过安排进一步面谈，收集客户的养老相关信息。需收集的客户信息包括：

（1）基本信息。基本信息包括客户及其家庭成员的年龄、性别、职业、家庭结构和健康状况等。

（2）财务信息。财务信息包括家庭资产负债信息、收入支出、现金流量信息、养老资产储备、风险属性、投资组合明细、社会保险和商业保险等。

（3）养老财务目标优先级。养老财务目标优先级包括了解客户当前的理财目标优先级（子女教育、购房、养老），判断其是否处于养老最佳规划阶段。一般认为养老规划最佳时间系数是 40～45 岁，此时其他理财目标已陆续完成，当然这个时间因家庭结构、财富水平的不同也略有差异。

二、养老需求挖掘

在收集客户信息后，通过进一步沟通，规划师可以了解客户的显性需求，包括养老金不足、居住环境不适宜养老、看病太贵、没有儿女或儿女不在身边等；透过表面显现的需求，规划师可进一步挖掘其潜在需求，即需要补充退休后收入、换房、换养老地、补充医疗保障、寻找家政或护工等服务机构；进而找到其核心需求，即养老财务存在缺口，难以尊严且体面地养老。

规划师应充分了解客户的五大养老财务支出，并向客户提出各项支出的合理建议，说明调整空间的弹性以及其占总体养老财务支出的水平高低（见表5-1）。

表 5-1   各项养老财务支出的合理建议、弹性与财务支出水平

五大财务支出	合理建议	弹性	财务支出水平
日常生活	社平工资 60%～80% 替代率的养老现金	小	相对低
医疗保健	可分担 90% 医疗费用的医疗保障计划	小	相对高
居住要求	人均 30 平方米居住空间	中	相对中
护理服务	社平工资 60%～90% 替代率的养老现金	小	相对中
兴趣爱好	满足上述财务准备之后的结余	大	相对低

除财务需求之外，规划师还应了解客户的非财务需求，包括陪伴、被需要、被尊重、传承等。

三、养老财务目标的核定与调整

在前文，我们已经为大家详细阐述了与养老财务目标的核定与调整相关的内容，这里就其要点进行总结。

（一）确定养老目标

规划师应了解客户的养老目标，并请客户分别量化确认各项目标的理想值与合理可接受值（见表 5-2）。

表 5-2   各项目标的理想值与合理可接受值

目标	理想值	合理可接受值
退休年龄	55～60 岁	65～70 岁
养老地	理想居住地（旅居、适宜环境、本地）	可负担养老成本的居住地
养老模式	理想模式（居家、社区）	满足基本保障的养老模式
退休后收入替代率	维持退休前收入水平	维持退休前收入水平的 60%～70%
退休后支出替代率	维持退休前支出水平	维持退休前支出水平的 70%

（二）养老财务需求测算要点

规划师在测算养老财务需求时，以退休时点作为目标基准点，分别计算各类需求在退休时点的现值。在测算各项需求时，应主要考虑如表 5–3 所示的因素。

表 5–3　养老财务需求及主要考虑因素

养老财务需求	主要考虑因素
基本生活	客户当前的生活水平、预期通货膨胀率、预期客户退休后生活目标替代率、预期客户余寿
养老居住	有房：现有住房可解决居住需求、换房满足 无房：租房、买房（退休后无贷款）、机构养老、预期客户余寿
医疗费用	基于个人历史数据和社会经验数据的医疗费用、康复等间接费用、预期医疗费用增长率、预期客户余寿
护理费用	人工护理成本、预期护理成本增长率、设备护理成本、预期护理期限
兴趣爱好	费用成本、预期增长率、预期持续年限

在进行测算时，为更加贴近实际，规划师需要对相关参数进行合理假设（见表5–4）。

表 5–4　参数假设与合理范围建议

参数假设	合理范围建议
预期寿命	85 岁及以上，一线城市建议更高，从宽规划
预期通货膨胀率	2% ~ 4%，根据支出类别预估通货膨胀率
预期退休后收入增长率	1% ~ 3%，退休后仅有养老金收入可参考通货膨胀率
预期退休后生活目标替代率	70% ~ 80%，不过分降低退休后的生活品质
预期退休后投资报酬率	2% ~ 4%，投资风格保守，投资报酬率偏低
预期退休后生活支出增长率	2% ~ 3%，参考 CPI
预期医疗费用增长率	8% ~ 10%，根据过去医疗费用增长率计算得出
预期护理费用增长率	5% ~ 10%，根据所在地护理成本进行假设
预期居住费用增长率	2% ~ 5%，根据所在地居住成本进行假设

（三）养老储备资产测算要点

规划师在测算养老储备资产时，以退休时点作为目标基准点，分别计算各类储备在退休时点的现值或终值。在测算各项养老储备资产时，应主要考虑如表5-5所示的因素。

表5-5　养老储备资产与考虑因素

养老储备资产	考虑因素
退休前储备	一次性投入、定期储蓄、资产组合收益率
退休后收入	基本养老金、企业年金、商业年金保险、退休后兼职收入、理财收入
医疗及保健	基本医疗保险、补充医疗保险、商业医疗保险
居住及住房	自住、卖房变现、住房公积金

在进行测算时，为更加贴近实际，规划师需要对相关参数进行合理假设（见表5-6）。

表5-6　参数假设与合理范围建议

参数假设	合理范围建议
退休时点	男60~70岁、女55~65岁，根据客户意向退休时间假定
预期寿命	85岁及以上，一线城市建议更高，从宽规划
预期退休前收入增长率	2%~5%，根据客户年龄与职业，从稳健的角度考虑，通常收入增长率设置得较为保守
预期退休后收入增长率	1%~3%，退休后仅有养老金收入可参考通货膨胀率
预期退休前投资报酬率	4%~8%，根据客户风险属性与建议的资产组合，推算出经验投资报酬率
预期退休后投资报酬率	2%~4%，投资风格保守，投资报酬率偏低
预期房价增长率	1%~3%，根据当地房价增长情况进行假设
预期房租增长率	2%~5%，根据当地居住成本进行假设

（四）缺口分析与解决方案

1. 养老缺口的计算

规划师采用目标基准点的计算方法，分别计算退休时点养老财务需求的现值与各项养老储备资产的现值或终值，若养老储备资产小于养老财务需求，则出现养老缺口。计算逻辑见图 5-1。

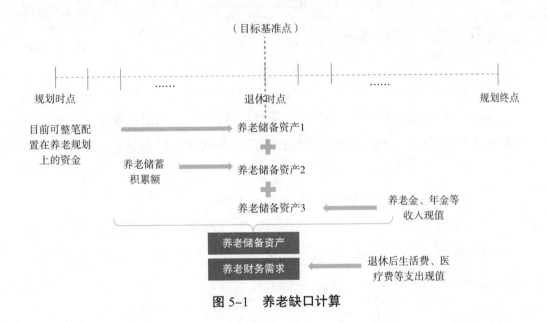

图 5-1　养老缺口计算

2. 缺口解决方案

如果出现养老缺口，客户则需要通过增加养老储备资产以及降低或取消养老非核心需求的方式来解决。

（1）增加养老储备资产，按收入的一定比例进行储备，比如收入高峰期可以按照一定期限或固定数额储备，收入不固定可按能力随时储备，以及如有大额资金可一次性储备。

（2）提高养老资产投资报酬率，尽早规划养老资产配置，年轻时可增加权益类投资比例以提高整体收益率。

（3）配置保险来提高保障，尽早、足额地配置重疾险、医疗险等保险以平滑养老期间发生的大额支出，以及配置商业养老年金以增加养老收入。

（4）延迟退休，延长工作年限，退休后做力所能及的兼职用于提高退休后的收入。

四、养老的资产配置

在前文，我们已经为大家详细阐述了与养老的资产配置相关的内容，这里就其要点进行总结。

（一）养老资产的配置与实施

1. 养老资产的配置目标

养老资产的配置目标主要是弥补养老财务缺口、管理养老财务风险（长寿风险、健康风险、通胀风险、投资风险以及提取风险）与提高养老生活品质。

2. 养老资产组合的特点及配置思路

养老资产组合在配置中需要综合考虑保障性、安全性、收益性和流动性等特征，规划师在选择产品时可相应地选择现金管理类、固收类、权益类、保险类等多种产品组合以满足配置要求。

3. 配置要点

（1）配置对象：分析客户的财富量级以及所处生涯阶段。

（2）配置顺序：优先考虑流动性与安全性，其次进行保障类产品的配置，最后进行大类资产的相关组合以提高收益。

（3）配置方法：基于现代资产组合理论与风险平价模型等经典理论模型进行配置。

（4）配置流程：明确投资者的风险属性、确定养老资产的战略配置比例、确定养老资产的战术配置比例、投资产品的选择与组合以及资产配置的定期检视与调整。

4. 配置适合的养老金融产品与服务

不同财富量级家庭在选择产品组合的过程中也各有差异（见表5-7）。

表 5-7　不同财富量级家庭关于投资产品的选择

	现金管理类产品	固定收益类产品	权益类产品	另类投资产品	订制型服务
大众家庭	活期存款、银行活期理财、货币市场基金	定存、国债、大额存单、结构性存款、银行理财产品、债券类公募基金	养老目标基金、混合类或权益类公募基金	房产（居住属性为主）	—
中产家庭	活期存款、银行活期理财、货币市场基金	定存、国债、大额存单、结构性存款、银行理财产品、债券类公募基金、固收类私募基金	养老目标基金、混合类或权益类公募基金、权益类私募基金	房产（投资）、贵金属与商品类基金	专属理财师
财富家庭	活期存款、银行活期理财、货币市场基金、企业透支账户、大额信用卡	定存、国债、大额存单、结构性存款、银行理财产品、债券类公募基金、固收类私募基金、私行专属理财、专户理财、资产管理计划	养老目标基金、混合类或权益类公募基金、权益类私募基金、私募股权基金、股权信托	房产（投资）、贵金属与商品类基金、对冲基金、企业股权	财富管理顾问、信托服务

（二）银行系、基金系金融产品配置

我们整理了银行系、基金系的相关产品在不同维度下的要点，如表 5-8 所示。

表 5-8　银行系、基金系金融产品配置

维度	银行系		基金系	
	养老专属	其他	养老专属	其他
收益	平滑、稳健（5%～8%）	保本保收益、非保本浮动收益（1.85%～5.5%）	相比其他基金收益较低，相比银行系产品收益较高	由高到低，私募＞权益＞债券＞银行理财
风险	较低	低（储蓄）、较低（净值）	相比其他基金风险较低，相比银行系产品风险较高	由高到低，私募＞权益＞债券＞银行理财
投资方向	固收为主	固收为主	权益＋固收，投资策略不同，配置比例不同	权益＋固收，投资策略不同，配置比例不同

（续表）

维度	银行系		基金系	
	养老专属	其他	养老专属	其他
流动性	受限制	封闭期内受限制	封闭期内受限制	开放式优于封闭式，但资金到账需要时间，受收益影响，立即变现可能造成损失
产品期限	5～20年	1天到5年期为主	1～5年	可长期投资
投资门槛	1元起	1元、1万元、5万元、20万元、30万元起	1元起	1元起，私募基金100万元起
适用养老目标	风险偏好低，优先级高，投资期限长	风险偏好低，对安全性要求高，支付便捷	风险偏好中等，优先级中高，投资期限长，对收益有一定要求	风险偏好较高，优先级较低，投资期限长，对收益要求高
适用家庭	大众、中产	大众、中产、财富	大众、中产	大众、中产、财富

（三）保险系金融产品配置

保险产品在养老财务规划中，起着熨平波动、降低不确定性等作用。在配置时，客户应基于家庭养老的保险需求，选择合适的工具或工具组合。家庭常见养老方面的保险需求、配置工具及配置要点，如图5-2所示。

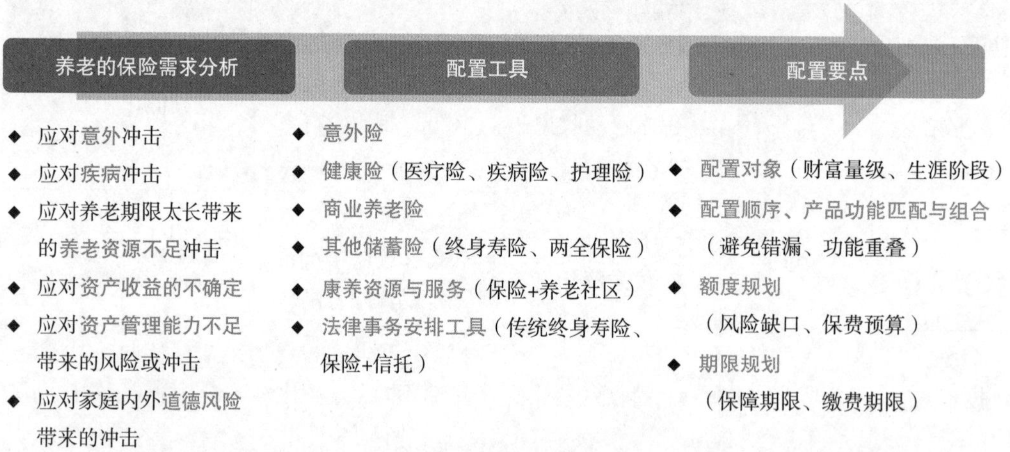

养老的保险需求分析	配置工具	配置要点
◆ 应对意外冲击	◆ 意外险	◆ 配置对象（财富量级、生涯阶段）
◆ 应对疾病冲击	◆ 健康险（医疗险、疾病险、护理险）	
◆ 应对养老期限太长带来的养老资源不足冲击	◆ 商业养老险	◆ 配置顺序、产品功能匹配与组合（避免错漏、功能重叠）
◆ 应对资产收益的不确定	◆ 其他储蓄险（终身寿险、两全保险）	
◆ 应对资产管理能力不足带来的风险或冲击	◆ 康养资源与服务（保险+养老社区）	◆ 额度规划（风险缺口、保费预算）
◆ 应对家庭内外道德风险带来的冲击	◆ 法律事务安排工具（传统终身寿险、保险+信托）	◆ 期限规划（保障期限、缴费期限）

图 5-2　保险系金融产品配置

各险种对投保健康状况的要求程度不同，医疗险要求最高，重疾险次之，其后依次是寿险、意外险和年金险（见表 5-9）。

表 5-9　高血压与糖尿病患者投保策略

疾病	情形	险种			意外险或年金险	投保建议
		医疗险	重疾险	寿险		
高血压	一级高血压	产品选择上有一定空间，甚至可正常承保				■ 意外险 ■ 防癌险 ■ 税优健康险 ■ 高血压并发症险（要求严格）
	二级高血压	一般拒保	核保考虑因素较多，可能加费或直接拒保			
	三级高血压	一般拒保				
糖尿病	糖尿病前期	视情形而定	■ 无危险因素（家族病史、肥胖、吸烟等）：可能加费承保 ■ 有危险因素：增大加费幅度或拒保 ■ 有器官损伤或并发症：一般拒保		一般可正常投保	■ 意外险 ■ 防癌险 ■ 税优健康险 ■ 糖尿病定制医疗险（要求严格） ■ 区分糖尿病前期和糖尿病，很多产品的健康告知里有区分 ■ 家族史人群：选择健康告知宽松的产品购买 ■ 血糖异常患者：尝试线下投保或具有智能告知的产品 ■ 妊娠糖尿病：建议产后半年血糖恢复正常后再投保
	I 型糖尿病	■ 一般拒保 ■ 若数值较稳定且在较正常范围内，以及无并发症，部分保险公司会加费承保		一般拒保		
	II 型糖尿病					

财富量级不同，养老的保险需求、适合的产品、较优配置时点均有所不同，一般性的建议如表 5-10 所示。

表 5–10　不同财富量级家庭的养老商业保险配置建议

规划		大众家庭	中产家庭	规划	财富家庭
健康意外保障规划	较优配置时点	家庭成长期（30～45 岁）		健康意外保障规划	高端医疗险（较年轻家庭成员可再补充保终身的重疾险）
	健康险	健康成员	保证续保 20 年的百万医疗险、保终身的防癌医疗险→保终身的重疾险		高额意外险
		保证续保 20 年的百万医疗险、保终身的防癌医疗险、保终身的重疾险			
	非健康成员	慢病版或老人版百万医疗险、保终身的防癌医疗险→政策支持的健康险		养老金及养老资源规划	▪ 无资产保全需求：商业养老险 ▪ 有资产保全需求：增额终身寿险
	意外险			高端养老社区：保险＋养老
养老金规划	较优配置时点	家庭成熟期（40～50 岁）		传承规划	传统终身寿险、保险＋信托
	健康或非健康成员	商业养老保险→增额终身寿险或两全保险			

（四）房产养老配置

房产具有金额高、权重高、区域差异大、周期特征强等典型特征。

房产在养老场景中的应用主要包括政府主导的以房养老（售房养老、租房养老、住房反向抵押贷款、住房反向抵押养老保险）以及居民自主以房养老（售房养老、租房养老）。

房产作为养老资产配置，具有满足核心养老需求，以及投资性房产可以实现以租养老的优势。同时，由于房价趋势分化，价格下跌叠加权重高带来财务风险，流动性低、不容易变现，房屋产权问题，传统观念束缚，房产又有其局限性。

不同财富量级家庭关于房产的配置原则如下：

大众家庭：效用优先，可置换小面积房产，增加养老流动资金。

中产家庭：减少高风险地区的房产，防范投资风险。

财富家庭：降低投资性房产配置比例。

后　记

2022 年 4 月 8 日，《国务院办公厅关于推动个人养老金发展的意见》发布，明确规定个人养老金采用账户制，缴费完全由个人承担，实行完全积累，资金账户可以由参加人在符合规定的商业银行指定或开立，也可以通过其他符合规定的金融产品销售机构指定。

全新的第三支柱——个人养老金制度正在不断加快落地进程。由于个人养老金实行唯一账户，各大金融机构纷纷开始布局个人养老金账户的建设。目前，招商银行、兴业银行、中信银行等多家商业银行上线了"个人养老金"专区，开始了对个人养老金账户的宣传和预热，部分国有大行已开启了针对个人养老金账户系统的内测，基金和保险公司都在紧锣密鼓地多线程开展系统对接、团队搭建、投资者教育和产品推进等工作。

如何应对快速老龄化的环境，如何满足监管的要求，如何说服客户开立养老金账户，如何制订科学可行的养老规划，成为金融机构争夺客户未来养老资源的关键。

在这个承前启后的时刻，我们系统整理了过去十余年对养老财务规划的相关研究成果，针对全球以及中国的具体情况，进行深入细致的分析，并将阶段性研究成果推向市场，以飨读者。

相信我们的研究会如同涓流汇入大海，成为推动中国养老金融研究的一股力量，共同迎接中国老龄化的挑战。

宋　健

2023 年 2 月 15 日